Einblicke in die Wissenschaft

Georg Sorge

Faszination Ultraschall

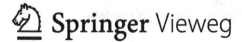 Springer Vieweg

Prof. Dr. Georg Sorge
Am Birkenwäldchen 19
06120 Halle/Saale
Deutschland

ISSN 1615-5971
ISBN 978-3-642-33601-0   978-3-322-80046-6 (eBook)
DOI 10.1007/978-3-322-80046-6

Die Deutsche Nationalbibliothek verzeichnet diese Publikation in der Deutschen Natio-
nalbibliografie; detaillierte bibliografische Daten sind im Internet über http://dnb.d-nb.de
abrufbar.

Springer Vieweg
© Vieweg+Teubner Verlag | Springer Fachmedien Wiesbaden 2002, unkorrigierter
Nachdruck 2013

Gedruckt auf säurefreiem und chlorfrei gebleichtem Papier

Springer Vieweg ist eine Marke von Springer DE.
Springer DE ist Teil der Fachverlagsgruppe Springer Science+Business Media.
www.springer-vieweg.de

Vorwort

Ultraschall hat seit Jahren in der wissenschaftlichen Forschung, der Medizin, der Elektro-, Meß-, Sicherungs- und Regeltechnik sowie der Sensorik einen festen Platz. Oft wird man aber auch durch neu entdeckte Ultraschallphänomene aus dem Tierreich überrascht. Das vorliegende Buch bringt die unterschiedlichsten Einsatz- und Anwendungsgebiete des Ultraschalls in anschaulicher, leicht verständlicher Form einem breiten Interessenten- und Leserkreis nahe.

Im Laufe seines Lebens kommt jeder mit Anwendungen des Ultraschalls in Berührung. Mancher Leser erinnert sich vielleicht noch an das erste Mal, als er auf Informationen, die Ultraschall betrafen, aufmerksam wurde. Besonders die in der Medizin eingesetzten sonographischen Verfahren machten in den letzten Jahrzehnten den Ultraschall „populär", aber auch Ultraschall-Materialprüfungen an Eisenbahnschienen, Waggonrädern, Flugzeugteilen, Schiffsteilen u.a.

Der Mensch kann Ultraschall mit seinen Sinnen nicht wahrnehmen. Die meisten „erleben" ihn als ein Fernsehbild, und zwar als Endergebnis des Einsatzes eines ganzen Gerätesystems. Folglich stellen sich die Fragen, wie läuft solch ein Verfahren ab, was geschieht dabei eigentlich? Weshalb fordert der Arzt eine Ultraschalluntersuchung? Ist es notwendig, daß der Arzt den Ultraschallkopf zwecks Ultraschalluntersuchung feucht auf meinen Körper aufsetzt? Warum „sehe" ich meinen Nierenstein, den Embryo, die Struktur eines Mikrobausteins, eines Mikrochips? Wie kann man mit Ultraschall bohren und schweißen? Worauf beruht das Konservieren von Lebensmitteln und das Reinigen von Oberflächen mittels Ultraschall? Wie funktionieren ein Ultraschallsensorelement, eine Ultraschallanzeige, die Prüfung von Materialien auf Störungen u.a.m.?
Dieses Buch gibt Antworten auf einige dieser aktuellen Fragen. Dabei kommt der Leser mit Grundkenntnissen der Physik, Chemie, Mathematik und Biologie aus.

Bei der außerordentlichen Breite und Vielfalt der oft heterogen erscheinenden Anwendungen, der unterschiedlichen Verfahren und mannigfaltigen Erscheinungen, die auf dem Phänomen Ultraschall beruhen, wird das physikalisch-technisch Prinzipielle als „roter Faden" deutlich. Manche Fragen können nur zum Teil beantwortet werden. In einigen Fällen sind sie noch Gegenstand gegenwärtiger und künftiger Forschungen.
Die dargebotene Auswahl an Stoff und Beispielen ist naturgemäß immer subjektiv. Der erfahrene Fachmann wird leicht erkennen, welche Problemstellungen dem

Autor lieb geworden sind. Ich hoffe aber, daß für jeden Leser einige interessante Fragestellungen in verständlicher Form beantwortet werden. Von manchen Anwendungen, die vor wenigen Jahren noch nicht absehbar waren, wird der eine oder andere vielleicht sogar überrascht sein.

Wer sich nach der Lektüre dieses Buches tiefgründiger und detaillierter informieren will, dem seien spezielle Fachbücher empfohlen, von denen einige im Literaturverzeichnis aufgeführt sind.

Bei der Fertigstellung des Manuskripts hat mir Herr Dipl.-Phys. K. Sorge sehr geholfen. Dafür danke ich ihm. Für manche Beispiele, Hinweise und Anregungen danke ich den Kollegen Dr. U. Straube (Halle) und Prof. Dr. P. Hauptmann (Magdeburg). Herrn J. Weiß (Leipzig) danke ich für seine Unterstützung und das stets förderliche Interesse an dieser Arbeit.

Halle/Saale, April 2001   Georg Sorge

Inhalt

1 Einleitung

Den meisten Menschen ist Ultraschall als ein Teil der Akustik, der Lehre vom Schall schlechthin, bekannt. So lernt man es in der Schule. Physikalisch gesehen gibt es keine scharfe Trennung zwischen Hörschall und Ultraschall. Die grundlegenden Gesetze des Hörschalls gelten auch hier.

Unter *Ultraschall* versteht man elastische Wellen mit Frequenzen oberhalb des Hörschalls des menschlichen Ohres, d.h. oberhalb von 20 kHz. Die Festlegung von Ultraschallgrenzen und Hörgrenzen nach unten und oben ist etwas willkürlich. Von Mensch zu Mensch sind die Hörgrenzen leicht verschieden und sie verschieben sich auch im Laufe des Lebens. Dennoch ist die Festlegung vernünftig, technisch und praktisch begründbar.

Heute kann man Ultraschallschwingungen mit Frequenzen von bis zu 10^{11} Hz bzw. 10^{12} Hz und mehr erzeugen und nachweisen. Schall mit derart hohen Frequenzen zeigt Besonderheiten bei seiner Ausbreitung. Die Wellenlänge von Ultraschall in Luft bei 500 MHz beträgt etwa 0,6 µm und ist gleich der Wellenlänge des grünen Lichtes. Dieser Schall hat auch ähnliche Eigenschaften bezüglich der Beugung und Streuung wie Licht. Die Wellenlängen liegen in der Größenordnung zwischenmolekularer Abstände. Damit können Strukturuntersuchungen an festen und flüssigen Stoffen vorgenommen werden. So kleine Wellenlängen erlauben eine starke Bündelung des Schalls, die Erzeugung ebener oder quasiebener Wellen und daher eine gerichtete Ausstrahlung. Wir haben es mit einer Art „Schalloptik" zu tun. Weitere Besonderheiten sind eine mögliche impulsartige Abstrahlung von Ultraschall, die Erzeugung von Schallwellen mit hohem Energiegehalt (Leistungsschall) und die starke Dämpfung von Ultraschallwellen in Gasen.

Die Gliederung des Stoffes entspricht der genannten Reihenfolge. Nach den einführenden Kapiteln 1 und 2 werden im Kapitel 3 einige physikalische Grundlagen des Ultraschalls zusammengestellt. Spezifischen Aspekten der Ausbreitung von Ultraschall im Abschnitt 3.4 folgen Ausführungen zu einigen Besonderheiten in den Abschnitten 3.5-3.9, und zwar immer an praktische Beispiele geknüpft. Das Kapitel 4 ist ausschließlich Anwendungen und eingesetzten Verfahren gewidmet. Einen kurzen Einblick zur Rolle des Ultraschalls im Lebensraum von Tieren gibt Abschnitt 5, bevor im abschließenden Kapitel 6 einige Darlegungen zur möglichen weiteren Entwicklung von Ultraschallanwendungen erfolgen.

Die Thematik Ultraschall ist vielgestaltig. Manche Gebiete haben sich bereits als eigenständig herausgebildet, z.B. die Molekularakustik, die nichtlineare Akustik, Quantenakustik, Akustooptik u.a. Auch hier ist es ähnlich, wie man es aus der Hörakustik kennt, die man bisweilen in Teilgebiete wie musikalische Akustik, Bauakustik, Bioakustik, Geoakustik usw. untergliedert oder einteilt.

2 Historisches zur Entwicklung der Ultraschalltechnik

Wer, von wenigen Fachleuten einmal abgesehen, wußte vor fünfzig Jahren etwas über den Ultraschall, obwohl erste wissenschaftliche Arbeiten bereits vor der Jahrhundertwende gelaufen waren. *König* erzeugte mittels kleiner Stimmgabeln 1899 Ultraschall von 90 kHz und *Schulze* benutzte zur Bestimmung der oberen Hörgrenze des Menschen Saitenschwingungen von mehr als 20 kHz, indem er durch Stege Stahlsaiten immer mehr verkürzte. Bis zu Beginn des 20. Jahrhunderts waren nur wenige, im wesentlichen mechanische Methoden zur Erzeugung von Ultraschall im Gebrauch.

Vor und während des ersten Weltkrieges gab es vor allem in der Unterwasserschalltechnik zur Signalübertragung zwischen Schiffen, bei der Ortung von Eisbergen und der Echolotung zur Ausmessung des Abstandes zwischen Schiff und Meeresboden erste Anwendungen des Ultraschalls.

Historisch gesehen war der tragische Untergang der Titanic 1912 ernster Anlaß gezielter Entwicklungen der Unterwasserschalltechnik. Die Ortung mittels Ultraschall blieb lange die einzige Anwendung.

Nach dem ersten Weltkrieg war es infolge der Weiterentwicklung der Elektrotechnik und der Hochfrequenztechnik auch möglich, größere Schallenergien durch die Umwandlung von elektrischer Energie in Schallenergie, zunächst mit Hilfe magnetischer Schallgeber, dann aber auch schon mit Hilfe piezoelektrischer Ultraschallsender, zu erzeugen. Die Magnetostriktion als ein grundlegender Effekt war bereits 1847 durch *J. P. Joule* und die Piezoeffekte 1880 von den Brüdern *Curie* entdeckt worden. Die Anwendung der Piezoeffekte erfolgte mit Hilfe geeigneter piezoelektrischer Kristalle (z.B. Quarz und Seignettesalz) als Schallgeber und -empfänger.

Die Möglichkeiten, Ultraschall zu erzeugen, sind recht unterschiedlich und zahlreich. Nach der Art der Erzeugung kennzeichnet man die Schallgeber, z.B. als mechanische, magnetostriktive und piezoelektrische. Gleiche Frequenzen können auf ganz unterschiedliche Weise erzeugt werden. Analysiert man den durch einen bestimmten Generator gelieferten Schall z.B. bzgl. der Frequenzen, des Frequenzganges, so erhält man von Generator zu Generator verschiedene, aber für sie charakteristische unterschiedliche Spektren.

In der Zeit bis zum zweiten Weltkrieg erfolgte neben einer eigentlichen Grundlagenforschung zum Ultraschall selbst die Prüfung seiner Wirkungen auf verschiedene Objekte und physikalische Vorgänge. Man war bestrebt auszuloten, was man mit Ultraschall alles machen kann und festzustellen, wo etwa die Grenzen seines

Einsatzes und seiner Anwendungen liegen. Die Empirie auf diesem Gebiet sollte überwunden werden. *Sokolov* war wohl der erste, der 1929 Werkstücke durchschallte und dabei Materialfehler über eine anomale Abnahme der durchgelassenen Schallenergie ausmachte. Im Jahre 1942 übertrug *Firestone* das aus der Unterwassertechnik bekannte Echolotverfahren in die Werkstoffprüfung. In nur wenigen Labors überprüfte man die Einsatzmöglichkeiten von Ultraschall in der Medizin. Die dabei gewonnenen Erkenntnisse blieben zunächst auf diese Labors beschränkt. Mit unvollkommenen technischen Mitteln führte so z.B. *Pohlmann* 1938/39 erste medizinische Therapieversuche durch.

Eine stürmische Entwicklung von Ultraschallanwendungen setzte nach dem zweiten Weltkrieg ein. Inzwischen waren nämlich um 1943 in den USA (*E. Wainer, A. E. Salomon*), der Sowjetunion (*B. M. Vul, J. M. Goldman*) und Japan (*T. Ogawa*) die ungewöhnlichen dielektrischen und piezoelektrischen Eigenschaften von Bariumtitanat, auch in polikristalliner Form, gefunden worden. Jetzt standen Bariumtitanatkeramiken für den vielfältigen Einsatz als Ultraschallsender und -empfänger zur Verfügung. Sie besaßen einen vergleichsweise hohen Wirkungsgrad und konnten in gewünschten Formen hergestellt werden.

Das Wissen über elastische und dielektrische Eigenschaften der Materie war ebenfalls stark angewachsen. Andererseits ermöglichte der erreichte Stand der elektronischen und später mikroelektronischen Technik einen gewaltigen Aufschwung, auch der Ultraschalltechnik.

Prophezeite man in den fünfziger Jahren nahezu euphorisch dem Ultraschall eine große Zukunft, so stellt man heute fest, daß sich die Ultraschalltechnik als eine Technik neben anderen (z.B. Lasertechnik und Fernsehtechnik) fest etabliert hat. Der Aufschwung der Ultraschalltechnik und die Anwendung von Ultraschallverfahren erfolgte in dem Maße, wie es immer besser gelang, akustische Phänomene optisch (bildtechnisch) umzusetzen, insbesondere auch durch den Einsatz immer effizienterer, anpaßbarer piezoelektrischer Keramiken. Für spezielle Probleme ist sie allein geeignet und nicht austauschbar.

Es entwickelten sich eigenständige Wissensgebiete (medizinische Ultraschalldiagnostik, zerstörungsfreie Werkstoffprüfung, Ultraschallmaterialbearbeitung) und eine eigenständige Ultraschallgeräteindustrie (Wandler, Mikroskope, Motoren, Skalpelle, Pumpen, Schweißgeräte usw.). Die Entwicklung piezoelektrischer Ultraschallmotoren ist längst den Kinderschuhen entwachsen. In der Medizin entwickelte und entwickelt sich die Ultraschallsonographie zu einem neuen Pfeiler der Diagnostik. So wird man auch künftig auf Überraschungen in der Ultraschalltechnik und ihren Anwendungen gefaßt sein müssen.

Der Leser wird erfahren, welche Zeit es kostet und welche Mühe es macht, ehe sich ein neues Gebiet in Wissenschaft und Technik entwickelt und international erfolgreich etabliert.

3   Physikalische Grundlagen

In Natur und Technik gibt es viele mechanische, elektrische, magnetische, optische u.a. Erscheinungen und Vorgänge, die periodisch ablaufen oder sich periodisch ändern. „Periodisch" kennzeichnet den Sachverhalt, daß man nach gleichen Zeitintervallen einen Körper oder einen Massepunkt immer wieder am selben Ort antrifft (ein Pendel, den Zylinder eines laufenden Motors usw.) oder, genau umgekehrt aufgefaßt, daß nach Erreichen immer wieder desselben Ortes durch einen Körper eine konstante Zeitspanne verstrichen ist (Umlauf der Erde um die Sonne, Drehung der Erde um ihre eigene Achse). Vorgänge, die einem Ort einen Zeitpunkt oder einem Zeitpunkt einen Ort zuordnen, nennt man einfach periodische Vorgänge oder *Schwingungen*. Die einfachsten Schwingungen sind die *harmonischen Schwingungen*. In der Mechanik definiert man, daß ein Massepunkt harmonisch schwingt, wenn die an ihm angreifende Kraft F dem *Hookeschen Gesetz* gehorcht, d. h. proportional der Teilchenauslenkung aus der Gleichgewichtslage y ist und zur Ruhelage hin gerichtet: $F = -ky$, wobei k eine Konstante ist[1]. Das experimentelle Beispiel dafür ist der Federschwinger, eine Spiralfeder, an der eine kleine Masse hängt, diese ein wenig aus ihrer Ruhelage ausgelenkt und dann eine zeitlang sich selbst überlassen wird. Mathematisch wird die Abhängigkeit des Teilchenortes von der Zeit durch Sinus- oder Kosinusfunktionen beschrieben. Diese Weg-Zeit-Gesetze sind Lösungen einer Differentialgleichung, der Schwingungsgleichung.

Beobachtet man einen Fischerkahn auf unruhiger See, stellt man fest, daß sich der Kahn auf und ab bewegt. Er schwingt auf dem Wasser; Verursacher des Auf und Ab sind Wasserwellen die, ungehindert durch den Kahn, unter ihm hinweglaufen. Wie kommen Wellen zustande, was sind die Hauptmerkmale von Wellen? Wie man mechanische Wellen erregt, hat wohl jeder schon einmal erfahren, indem er einen Stein ins Wasser warf oder mit einem Stück Holz die Wasseroberfläche in geschickter Weise periodisch beeinflußt hat. Der Ausgangspunkt von Wellen führt Schwingungen durch. Um bei dem Bild des Kahnes zu bleiben: Bald ist er oben auf, im Maximum, bald befindet er sich im Tal, dem Minimum. Die Lage des Kahns kennzeichnet den Schwingungszustand, er ändert sich zeitlich periodisch. Gleichzeitig pflanzt sich aber jeder vom Kahn einmal erreichte Schwingungszustand räumlich fort. Das kann man besonders gut beobachten für das Maximum,

---

[1] Im vorliegenden Buch wird von einer Einführung des Vektor- und Tensorbegriffes abgesehen.
$F = -ky$ ist dann eine betragsmäßige Komponentengleichung der Vektorbeziehung $\mathbf{F} = -k\mathbf{s}$.

den Wellenberg, oder das Minimum, das Wellental. Vom Ursprungsort der Welle aus betrachtet findet man die Wellenberge immer im gleichen Abstand, der Wellenlänge λ, voneinander entfernt. Die Wellenausbreitung erfolgt räumlich periodisch. Damit haben wir das Hauptmerkmal einer Welle durch Beobachten festgestellt: Eine *Welle* ist ein zweifach (zeitlich und räumlich) periodischer Vorgang. Schwingt der Erreger einer Welle, der Sender, harmonisch, nennt man die Welle *harmonische Welle*. Dieses Buch befaßt sich fast ausschließlich mit harmonischen Wellen. In anderen Fällen wird speziell darauf hingewiesen.

Das Wort Welle hat die Physik der Umgangssprache entliehen und mit einem physikalischen Inhalt versehen. Der Umgangssprache liegt bei der Bildung des Begriffes Welle die unmittelbare Beobachtung zugrunde. Es gibt aber viele, der unmittelbaren Anschauung unzugängliche Bereiche, in denen ebenfalls Wellenerscheinungen ablaufen. Die Ausbreitung von Wechselströmen längs Drähten, von Licht im Vakuum und von Schall in Luft, Flüssigkeiten und Festkörpern sind Wellenvorgänge. Licht, Wechselströme, Rundfunkwellen, Röntgenstrahlen u.a. sind elektromagnetische Wellen. Schall ist eine elastische oder mechanische Welle. Schallausbreitung ist nur in materiellen Medien möglich, sie geschieht ohne Massentransport. Die Teilchen bleiben an ihrem Ort, sie schwingen um ihre Ruhelage. Mit der Ausbreitung des Schwingungszustandes findet eine Energieübertragung statt. Für Hörschall sind die maximalen Auslenkungen der Teilchen sehr klein gegenüber der Wellenlänge. Die übertragbaren Energien sind gering. Beim Ultraschall ist das nicht mehr der Fall, die Schwingungsamplituden werden vergleichsweise größer, die Wellenlängen kürzer und die Frequenzen höher.

3.1   Elastische Wellenarten

Elastische Wellen breiten sich in elastischen Medien aus. Diese Medien besitzen die Eigenschaft, eine durch äußere Einwirkungen (Kräfte, Drucke, Temperaturdifferenzen) auf sie hervorgerufene Form- oder Volumenänderung nach Beendigung der Einwirkung wieder rückgängig zu machen. Flüssigkeiten und Gase ändern unter Druck ihr Volumen. Man spricht von *Volumenelastizität*. In festen Stoffen kommt es bei äußeren Krafteinwirkungen zu einer Änderung der Lage und Abstände ihrer Atome und Moleküle, dabei werden Rückstellkräfte wirksam, die mit den äußeren Kräften ins Gleichgewicht kommen. Werden die äußeren Einwirkungen beendet, nehmen die atomaren Bausteine ihre ursprüngliche Gleichgewichtslage wieder ein. Diese Eigenschaft nennt man *Formelastizität*. Dabei dürfen die äußeren Einwirkungen aber nicht zu groß sein, sonst kommt es zu irreversiblen, plastischen Verformungen. Der Schwellwert, oberhalb dessen es zu irreversiblen

Veränderungen der Körper kommt, ist von Material zu Material verschieden. Plastische Verformungen wollen wir ausschließen. Erfährt an einer Stelle eines elastischen Mediums ein Teilchen durch Druck eine Lagestörung, erleiden auch benachbarte Teilchen infolge ihrer nichtstarren Kopplung Verrückungen. Diese übertragen die Störung wiederum auf ihre angrenzenden Nachbarn. Im Resultat dessen breitet sich diese Druckstörung im Medium als eine Welle aus. Erfolgt die Störung periodisch, so kommt es zur Aufrechterhaltung eines Wellenvorganges im Medium.

In unendlich ausgedehnten festen Körpern gibt es reine Longitudinal- und Transversalwellen. Ihre Erregung muß man sich so vorstellen, daß z.B. die Teilchen der linken Grenzfläche des Körpers durch eine periodische Kolben- oder Hubkraft sinusförmig hin und her (longitudinal) bzw. durch eine Schub- oder Scherkraft sinusförmig auf und ab bewegt (transversal) werden (Abb. 1). Welche Wellenarten in Festkörpern noch auftreten können, hängt von der Art der Anregung, der Körperform und den Abmessungen des Körpers im Verhältnis zur Wellenlänge ab. Man kennt *Oberflächenwellen* (Rayleighwellen), Plattenwellen (Biege-, Dehn-, Lambwellen), Lovewellen (in dünnen Randschichten des Festkörpers) und Torsionswellen (in Stäben). Wir wollen uns im wesentlichen nur mit reinen Longitudinal- und Transversalwellen sowie Oberflächenwellen näher befassen.

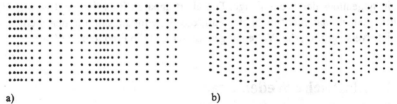

a)   b)

Abb. 1 Momentbilder einer elastischen Longitudinalwelle, bei der Verdichtungen und Verdünnungen von Teilchen auftreten (a), und einer Transversalwelle (b) mit Wellentälern und -bergen

Bei einer *Longitudinalwelle* sind Schallausbreitungs- und Schwingungsrichtung der Teilchen identisch (Abb. 1a). Das Medium wird auf Zug und Druck beansprucht. Longitudinalwellen heißen deshalb Druck- oder Kompressionswellen. Weil in ihnen die Teilchendichte schwankt, nennt man sie auch Dichtewellen. Sie treten in allen Stoffen mit *Volumenelastizität,* in Festkörpern, Flüssigkeiten und Gasen auf, dort wo Normalspannungen übertragen werden können.

Bei *Transversalwellen* erfolgt die Verrückung der Teilchen senkrecht zur Wellenausbreitung (Abb. 1b). Es gibt sie in reiner Form nur in Festkörpern, die *Formelastizität* zeigen und Scherkräfte übertragen können. Zur vollständigen Beschreibung ist neben der Kennzeichnung der Ausbreitungsrichtung der Welle noch die Angabe der Schwingungsrichtung ihrer Teilchen, der Polarisation, erforderlich.

An der Oberfläche fester Körper können sich spezielle Wellen ausbreiten, die auf diese beschränkt bleiben, sog. *Rayleighwellen*. Die Bewegung der Mediumsteilchen entspricht einer Überlagerung transversaler und longitudinaler Komponenten (Abb. 2). Unmittelbar an der Oberfläche beschreiben die Teilchen Ellipsenbahnen. Die Deformation ist nicht sinusförmig. In größerer Tiefe unter der Oberfläche nimmt die Teilchenverrückung schnell ab.

Die gezeigten Abbildungen sind Momentaufnahmen einer Welle. Sie verführen leicht zu der Vorstellung, daß sich Wellen nur in einer Richtung ausbreiten. Erfolgen die periodischen Zustandsänderungen in einem sich in allen drei Raumdimensionen erstreckenden Körper, kann sich eine Welle in alle Richtungen ausbreiten.

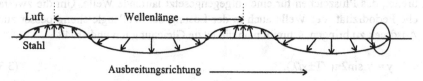

Abb. 2 Oberflächen- oder Rayleighwelle eines Festkörpers. Die Masseteilchen an der Oberfläche des Festkörpers schwingen auf Ellipsenbahnen

Punkte, die dabei den gleichen Schwingungszustand aufweisen, d.h. in gleicher Phase schwingen, bilden eine *Wellenfläche*. Diese hüllt den Ort der Erregung ein. Im isotropen Körper z.B. sind die Wellenflächen Kugelflächen. Bei zweidimensionalen Oberflächen spricht man statt von einer Wellenfläche von einer Wellenfront, wie wir es z.B. von Wasserwellen her kennen. Die Ausbreitungsrichtung der Welle steht senkrecht auf der Wellenfläche oder der Wellenfront.

Führt der Erreger, ein Teilchen, eine volle Schwingung aus, benötigt er dazu Zeit, die Schwingungsdauer T. Der schwingende Erreger nimmt danach erstmals wieder denselben Schwingungszustand ein. Der Schwingungszustand zu Beginn hat sich aber inzwischen um den Weg λ, der Wellenlänge, vom Erregerort fort bewegt. Die *Wellenlänge* gibt den kürzesten Abstand zweier Punkte an, die in gleicher Phase schwingen. Die Phase pflanzt sich mit der Geschwindigkeit oder *Phasengeschwindigkeit* c fort. Unter der *Frequenz* f einer Welle versteht man die Anzahl der Schwingungen pro Sekunde, die der Erreger oder Sender ausführt. Zwischen der Schwingungsdauer T, der reziproken Frequenz $1/f = T$, der Wellenlänge λ und der Phasengeschwindigkeit c besteht die einfache Beziehung

$$c = \lambda/T = \lambda f. \tag{3.1}$$

Harmonische Wellen entstehen durch harmonische Zustandsänderungen, indem man z.B. an der Stelle x = 0, dem Wellenausgangspunkt, eine harmonische mechanische Spannung anlegt. Für die Verrückung des Teilchens im Ursprung gilt

$y = y_o \sin\omega t$, wobei y_o die maximale Teilchenverrückung, die Amplitude, ist. Sie ergibt sich, wenn die Sinusfunktion den Wert 1 annimmt. Der Buchstabe t kennzeichnet die Zeit und $\omega = 2\pi f$ die Kreisfrequenz. Bei einer Welle würde dann an einem beliebigen Ort x dieselbe Zustandsänderung erfolgen, aber um die Zeitspanne $t = x/c$ später. Das ist die Zeit, die vergeht, damit sich die Zustandsänderung - die Verrückung - bis zur Stelle x ausgebreitet hat. Für ein beliebiges x gilt

$$y = y_o \sin\omega(t \pm x/c). \tag{3.2}$$

Das Minuszeichen steht für eine Welle, die sich in der positiven x-Richtung ausbreitet, das Pluszeichen für eine entgegengesetzt laufende Welle. Um die zweifache Periodizität der Welle auch in der Lösung der Wellengleichung besser zum Ausdruck zu bringen, schreibt man die letzte Gleichung um und erhält

$$y = y_o \sin 2\pi(t/T \pm x/\lambda). \tag{3.3}$$

Diese Beziehung verdeutlicht, daß zwei unabhängig Veränderliche im Argument stehen, die Zeit t mit der Periode T und der Ort x mit der Periode λ.

Elastische Wellen teilt man wie die elektromagnetischen Wellen nach ihren Frequenzen ein. Abb. 3) zeigt das *Frequenzspektrum* mechanischer Wellen.

Eine Diskussion des Frequenzspektrums führt man zweckmäßigerweise am festen Körper durch. Nur in Festkörpern gibt es longitudinale und transversale Schallwellen höchster Frequenzen, weil der innere Zusammenhalt der Teilchen weit größer ist als in Flüssigkeiten und Gasen. Was heißt es dann, eine Welle hat die Frequenz 0? Nehmen wir dazu an, daß sich in einem Festkörper eine transversale Schallwelle der Frequenz f ausbreitet. Sinkt diese Frequenz kontinuierlich ab,

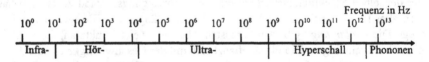

Abb. 3 Frequenzspektrum elastischer Wellen

dann würde die Wellenlänge, weil die Phasengeschwindigkeit c eine Materialkonstante ist, immer größer werden (siehe Gl. 3.1). Im Grenzfall schwingen die Teilchen nicht mehr gegeneinander, sie „rasten" in neuen Lagen ein. Eine gewisse Rolle spielen solche Betrachtungen z.B. bei der Beschreibung der Ursachen von strukturellen Phasenumwandlungen, insbesondere den ferroelastischen (siehe Fußnote Seite 42). Gehen wir vom linken Ende des Frequenzspektrums zum rechten, dann stellt sich die Frage: Gibt es eine obere Frequenzgrenze für den Ultraschall?

Die Beantwortung dieser Frage hängt eng mit dem atomaren Aufbau der Festkörper zusammen. Die kürzeste Wellenlänge tritt in einem Festkörper dann auf, wenn benachbarte Teilchen gegeneinander, gegenphasig, schwingen. Leicht vorstellbar ist das bei Transversalwellen. Der Atomabstand beträgt etwa 10^{-10} m. Nimmt man an, daß die Schallgeschwindigkeit transversaler Wellen 4000 m/s beträgt, die kürzeste mögliche Wellenlänge etwa 2×10^{-10} m ist, kommt man nach Gl. 3.1 in den Bereich von 10^{13} Hz oder 10 THz für die obere Grenzfrequenz.

Akustische Wellen unterhalb von 16 Hz werden als *Infraschall* bezeichnet, er wird z.B. vom Wind, von der Meeresbrandung, von Maschinen und Fahrzeugen verursacht. Der Auerhahn balzt mit lautesten Tönen auch im Infraschallbereich. Wölfe und Luchse können ihn nicht hören, wohl aber Hennen in größerer Entfernung. Wellen dieser Frequenzen werden auch von Erdbeben ausgelöst. Bei 16 Hz besitzen sie, wenn man eine mittlere Schallgeschwindigkeit von c = 4000 m/s im Erdkörper annimmt, eine Wellenlänge von λ = 250 m. Dieser Schall kommt wegen seiner großen Wellenlänge nur in relativ ausgedehnten Körpern, z.B. in Gebäuden, vor. In Luft würden, bei einer Schallgeschwindigkeit von 330 m/s vorausgesetzt, die Wellen etwa 20 m und in Wasser 80 m lang sein, wenn die Schallgeschwindigkeit in Wasser 1200 m/s beträgt. Infraschall kann u.U. Resonanzerscheinungen im menschlichen Körper hervorrufen. Schon geringe Intensitäten können Bewußtseinsstörungen, Unregelmäßigkeiten der Atmung und psychotrope Effekte (psychische Erscheinungen beeinflussende Effekte, besonders bei etwa 7 Hz) auslösen. Im Zusammenhang damit wurden Infraschallwellen auch als potentielle Waffen diskutiert und erprobt. Manchmal wird auch die Hypothese vertreten, daß Infraschall Verursacher unerklärlicher Flugzeugunglücke sein kann. Bei normalem Luftdruck liegen die Wellenlängen von Ultraschall in Luft zwischen 1,7 cm und $0,3 \times 10^{-4}$ cm, in Flüssigkeiten zwischen 6 cm und etwa $1,2 \times 10^{-4}$ cm und in Festkörpern zwischen 20 cm und 4×10^{-8} cm. Dabei treten im Ultraschallgebiet enorm hohe Energiedichten auf. Das führt zu Erscheinungen, die im Hörschallbereich unbekannt sind.

Zwischen Ultraschall und Infraschall liegt für den Menschen der Bereich des Hörschalls. Das ist aus dem Gesamtspektrum der mechanischen Wellen nur ein recht schmaler Bereich. Jenseits des Ultraschalls, beginnend bei 10^9 Hz bis etwa 10^{12} Hz oder 10^{13} Hz, spricht man vom *Hyperschall*. Die Wellenlängen sind bereits so klein, daß es zur Wechselwirkung mechanischer Wellen mit Quasiteilchen (Elektronen, Photonen, Phononen, Magnonen) kommt. Der Frequenzbereich des Hyperschalls entspricht den Frequenzen elektromagnetischer Dezimeter-, Zentimeter- und Millimeterwellen. Für noch höhere Frequenzen kommen wir schließlich in den Bereich der Gitter- oder Wärmeschwingungen, der Phononen. Das sind regellose Schwingungen der Massenpunkte des Festkörpergitters um ihre Ruhelagen. Die Wärmeenergie eines Kristalls ist zum großen Teil in den Phononen gespeichert. Die Amplituden dieser Gitterschwingungen nehmen z.B. mit wachsender Temperatur zu. Es kann zu interessanten Wechselwirkungen zwischen einfallendem Schall (Phononen) und den thermischen Gitterschwingungen kommen. Man spricht von der Phonon-Phonon-Wechselwirkung (PPW). Wie in der Optik, wo man Licht sowohl als Welle als auch als Strom von Energiepaketen, den Photonen, ansehen kann, ist das Phonon das Energiequant des Schalls. Schall kann man daher auch als Strom von Phononen auffassen.

3.2   Erzeugung und Empfang von Ultraschallwellen

Die Natur hat eine breite Palette von Möglichkeiten der Erzeugung von Ultraschall geschaffen. Insektenarten, Wale und Fledertiere erzeugen und empfangen Ultraschall auf sehr verschiedene Weise. Der Mensch hat mit der Entwicklung der Technik immer neue Verfahren und Methoden zur Erzeugung und zum Empfang von Ultraschall ersonnen und entwickelt. Die ersten Ultraschallgeber waren mechanische. Dazu gehören die Hundepfeife (Abb. 4), sie erzeugt Schall bis etwa 40 kHz bei geringer Leistung, durch Anstreichen angeregte Stahlplatten und Stahlsaiten, der Gasstromschwinggenerator, die Flüssigkeitspfeife, die Ultraschallsirene u.a. Mechanische Ultraschallgeber wandeln mechanische Energie in akustische Energie um. Die erzielten Ultraschallfrequenzen übersteigen kaum 200 kHz. Im Unterschied zum Hörschallbereich, wo es durch Lautsprecher zu einer gleichmäßigen Abstrahlung eines breiten Frequenzbandes kommt, ist es das Hauptziel der Ultraschallgeber, eine möglichst hohe Ultraschallenergie abzustrahlen und einen hohen Wirkungsgrad der Energieumsetzung zu erreichen. Das gelingt, indem die schwingenden Systeme im Resonanzbereich angeregt werden. Der Frequenzbereich ist dann stark eingeengt. Man denke nur an die sehr kurzen Stimmgabeln oder Saiten. Wollte man auch einen breiten Frequenzbereich erreichen, müßte man das System außerhalb des Resonanzgebietes anregen, das aber würde außerordentlich hohe Kräfte erfordern. Außerdem sind die Schalleistungen vergleichsweise niedrig. Eine gewisse Sonderstellung nimmt dabei die Ultraschallsirene ein. Die meisten mechanischen Ultraschallgeber haben heute an Bedeutung verloren. Praktisch noch im Einsatz ist die *Galtonpfeife*. Hunde können mit ihren empfindlichen Ohren diese Töne noch wahrnehmen, uns Menschen bleiben sie verborgen. Kaum eine praktische Bedeutung haben thermische Ultraschallgeber erlangt. Schallwellen wurden durch Knallfunkenstrecken erzeugt, vergleichbar etwa mit der Erscheinung von Blitz und Donner. Von solchen Knallen geht ein ganzes Frequenzgemisch aus, darunter sind auch Ultraschallfrequenzen. Durch den Einsatz von Beugungsgittern hat man versucht, gewünschte Frequenzen zu selektieren.

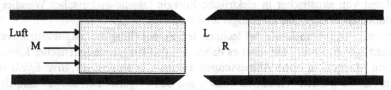

Abb. 4 Hunde- oder Galtonpfeife, Prinzip eines Längsschnittes: M - Mundstück, L - Lippe als ringförmige Schneide, welche die Luft der Pfeife infolge Wirbelbildung im Resonanzraum R zum Tönen bringt

Heute benutzt man solche Ultraschallwellen manchmal noch bei der Untersuchung der Schallausbreitung in Räumen o.ä. Die erzeugten Frequenzen liegen kaum über 2 MHz. Eine gewisse Wiederbelebung erfuhr die Idee der Erzeugung von Ultraschall durch intensiven Lichteinfall auf einen festen Körper, eine Flüssigkeit oder ein Gas nach der Entdeckung des Lasers (*White*). Man schießt dazu Laserimpulse auf die Oberfläche des zu untersuchenden Objekts (Abb. 5). Die Energie des Laser- oder Mikrowellenimpulses wird von der Oberfläche des Stoffes absorbiert und in Wärme umgewandelt. Es bildet sich ein Temperaturgefälle aus. Durch die

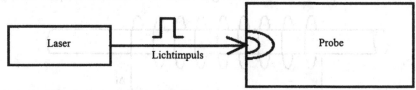

Abb. 5 Zum Prinzip thermoelastischer Schallerzeugung mittels Laserimpulsen

thermische Ausdehnung kommt es zu einer Längen- und Volumenänderung der Körperteile. Die plötzlichen Deformationen bewirken eine Wandlung der Wärme- in Schallenergie und das Aussenden von Schallwellen (*thermoelastischer Effekt*). Es können alle elastischen Wellentypen ausgelöst werden. Das Verfahren arbeitet zerstörungsfrei. Es eignet sich zur Korngrenzenbestimmung in dünnen Metallplatten und zur Rißtiefenbestimmung, insbesondere bei hohen Temperaturen, wo übliche Wandler sonst zerstört würden. Erwähnt werden heute noch elektrodynamische und elektrostatische bzw. kapazitive Ultraschallgeber. Beides sind flächenhafte Schallwandler, sie formen elektrische in mechanische Schwingungen um. Die beweglichen Teile, eine Lautsprechermembran oder die als leichte Membran ausgebildete „Platte" eines Kondensators, dienen der Schallabstrahlung in Gasen. Erzielbare Schallfrequenzen übersteigen 200 kHz selten. Bei höheren Frequenzen wird der Wirkungsgrad sehr schlecht. Mit solchen Wandlertypen gelingt die Umwandlung von elektrischer in akustische (elektro-akustischer Wandler) und umgekehrt von akustischer in elektrische Energie (akusto-elektrischer Wandler). Sie können als Sender und Empfänger arbeiten.

Bedeutender waren im Laufe der technischen Entwicklung die magnetostriktiven Ultraschallgeneratoren. Man nutzt es dabei aus, daß ein ferromagnetischer Körper in einem Magnetfeld seine Abmessungen ändert. Der *magnetostriktive Effekt* ist umkehrbar. Es werden solche Materialien und Schwingerformen ausgewählt, daß es im wesentlichen nur zu Verlängerungen und Verkürzungen in einer definierten Richtung kommt. Wird ein ferromagnetischer Stab in ein magnetisches Wechselfeld, das sich im Innern einer stromdurchflossenen Spule aufbaut, gebracht, so deformiert sich der Stab periodisch. Bei Anregung eines Stabes in seiner Grundfrequenz erhält man maximal für die Amplitude etwa ein Zehntausendstel seiner Länge. Für einen Stab von 1m Länge beträgt die Auslenkung etwa 1/10 mm. Nachteilig für die magnetostriktiven Generatoren sind die nur niedrigen erreichbaren Frequenzen. Je kürzer die Stäbe, um so höher die Frequenzen. Sie liegen im kHz-Bereich. Interessant und zweckmäßig aber ist die Erzeugung von Ultraschallwellen mittels Magnetostriktion im Prüfling selbst, wenn man z.B. über einen ferromagnetischen Stab eine kurze stromdurchflossene Spule schiebt (Abb. 6). Ein Stromimpuls in der Spule erzeugt im Stab einen Ultraschallimpuls endli-

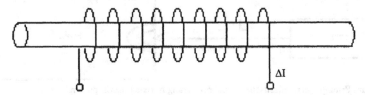

Abb. 6 Zum Magnetostriktionseffekt in ferromagnetischem Material

cher Länge, der den Stab durchläuft, am Ende reflektiert wird und als Echo in der Spule wieder einen Stromimpuls induziert. Anhand von Vergleichsmessungen erkennt man Fehlstellen im Stab. Die Spule wirkt als Sender und Empfänger.

Sowohl historisch gesehen als auch gegenwärtig spielt wohl der piezoelektrische Effekt bei der Erzeugung und dem Empfang von Ultraschall die wichtigste Rolle. Die Gebrüder *Curie* entdeckten um 1880, daß bei manchen Kristallen unter mechanischer Spannung oder bei mechanischer Dehnung in definierten Richtungen auf bestimmten Flächen elektrische Ladungen auftreten. Diese Erscheinung nennt man den *direkten piezoelektrischen Effekt.* Kristalle, die den piezoelektrischen Effekt zeigen, besitzen eine polare Achse oder es fehlt das Symmetriezentrum. Der direkte piezoelektrische Effekt ist umkehrbar. Legt man also eine elektrische Spannung an die Kristallflächen, auf denen ursprünglich Ladungen auftraten, kommt es zu einem Zusammenziehen bzw. Ausdehnen des Kristalls. Diesen Effekt nennt man den *reziproken piezoelektrische Effekt*.

Bekanntester Vertreter piezoelektrischer Kristalle ist der *Quarz* (SiO_2). Am Quarz kann man sich das Zustandekommen des piezoelektrischen Effektes recht anschaulich vorstellen. Die Strukturzelle vom Quarz ist in Abb. 7a zu sehen. Die Anordnung der Siliziumatome ist schraubenförmig. Nach außen ist die Zelle elektrisch neutral. Drückt man nun den Kristall längs der polaren Achse oder senkrecht dazu, kommt es zu einer Ladungsverschiebung. Auf den Oberflächen erscheinen Ladungen (Abbn. 7b, 7c).

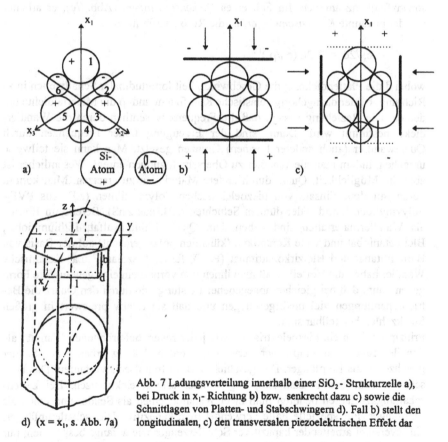

Abb. 7 Ladungsverteilung innerhalb einer SiO_2 - Strukturzelle a), bei Druck in x_1- Richtung b) bzw. senkrecht dazu c) sowie die Schnittlagen von Platten- und Stabschwingern d). Fall b) stellt den longitudinalen, c) den transversalen piezoelektrischen Effekt dar

d) (x = x_1, s. Abb. 7a)

Ändert man den Druck periodisch, treten elektrische Wechselspannungen auf. Bei Dehnung wechselt das Vorzeichen der Ladungen. Umgekehrt kann man mechanische Schwingungen anregen, indem man elektrische Wechselfelder an den

Quarz anlegt. Die Amplitude des erzeugten Schalldrucks ist proportional der am
Quarz anliegenden elektrischen Spannung.
Nun verwendet man für die technische Erzeugung von Ultraschall nicht einen
großen Quarzeinkristall, sondern schneidet aus ihm geeignete Schwinger so her-
aus, wie es z.B. in Abb. 7d) zu erkennen ist. Für das Anlegen elektrischer Spannungen an den Schwinger werden Metallelektroden auf die gegenüberliegenden
Stirnflächen aufgebracht. Dieses Flächenpaar, sowohl bei Platten- und Stabschwingern, befindet sich senkrecht zur polaren Achse. Der Effekt wird optimal
genutzt. Für die Erzeugung von Ultraschall muß man die Schwinger in ihrer Resonanzfrequenz anregen. Im Fall eines *Dickenschwingers* (Abb. 7c), er arbeitet
wie der bekannte *Kolbenschwinger*, ist die Resonanzfrequenz

$$f_r = c_x/2d = 1/2d \, (c_{11}/\rho)^{1/2},$$

wobei d die Plattendicke, c_x die Geschwindigkeit longitudinaler Schallwellen in x-
Richtung, c_{11} der dazugehörige elastische Koeffizient und ρ die Materialdichte bedeuten. Die Beziehung besagt, daß die Frequenz wesentlich durch die Wandler-
dicke bestimmt wird. Damit sind der Erzeugung hoher Frequenzen durch
Quarzwandler (auch anderer Formen) Grenzen gesetzt. Man kann sie teilweise
umgehen, indem man die Wandler zu Oberschwingungen anregt. Wesentlicher ist
aber die Möglichkeit, Quarz durch andere Materialien zu ersetzen. Man kommt
voran mit dem Einsatz von piezoelektrischen Polymerfilmen (z.B. aus PVF_2-
Polyvinylidenfluorid) oder dünnen Schichten (z.B. aus ZnS). Bereits im Einsatz
als Wandlermaterialien sind neben dem Quarz Lithiumsulfat, Lithiumniobat,
Bleimetaniobat und viele Keramiken (künstlich polar gemacht) auf der Basis von
Bariumtitanat und Bleizirkonattitanat (PZT), ferner Piezolan F u.a. Keramische
Wandler haben die Vorteile, daß man ihnen von vornherein eine gewünschte Form
geben kann, daß bei gleicher abgegebener Leistung wie durch den Quarz die Be-
triebsspannungen viel niedriger liegen und daß sie relativ preiswert in großen
Stückzahlen herstellbar sind.
Prinzipiell kann ein piezoelektrischer wie jeder reversibel arbeitende Wandler als
Schallerzeuger und Empfänger verwendet werden. Häufig arbeitet der Sender
gleichzeitig als Empfänger. Das geschieht z.B. in Impulsechoverfahren. Das Umschalten vom Sende- zum Empfangswandler erfolgt elektronisch. Bei Durch-
schallungsverfahren benötigt man zwei Wandler, einen als Sender und einen als
Empfänger. Für spezielle Fälle verwendet man kapazitive Ultraschallempfänger,
ein reversibel arbeitender kapazitiver Schallerzeuger wie anfangs besprochen; nur
muß man darauf achten, daß die Empfangselektrode oder Kondensatorplatte mas-
seleicht ausgeführt wird, die Gegenelektrode hingegen recht massiv. Als Ultra-

schallmikrophone werden kapazitive Empfänger geringer Abmessungen für Ultraschallnachweise besonders in Flüssigkeiten und Gasen eingesetzt.

3.3   Das Schallfeld und seine Meßgrößen

Einen Raumbereich, in dem man jedem Punkt eine physikalische Eigenschaft zuordnen kann, nennt man Feld. Ein Schallfeld wird durch Teilchenverrückungen (den Schallausschlag) und weitere Größen, die sog. Schallfeldgrößen, gekennzeichnet. Man benötigt sie zur vollständigen Beschreibung der Schallausbreitung. Wie entsteht ein Schallfeld? Die von einem Sender ausgehenden Schallwellen breiten sich in das umgebende Medium aus. Nehmen wir an, der Sender sei eine kreisförmige Platte, deren Radius sehr viel größer als ihre Dicke ist. Die Teilchen dieser Platte vollführen Schwingungen um ihre Ruhelagen, die sich den angrenzenden Teilchen des umgebenden Mediums infolge von Kopplungen und anderen Wechselwirkungen mitteilen. Idealisiert erfolgen diese Bewegungen transversal oder longitudinal. Wie bei einem Kolben sollte das auf der ganzen Plattenfläche mit gleicher Phase und gleicher Amplitude geschehen. Geometrisch würde man (man stelle sich einen longitudinal schwingenden Wandler vor) erwarten, daß sich im durchstrahlten Medium das Schallfeld in Form eines scharf begrenzten Zylinders aufbaut. Tatsächlich wird es aber durch Beugungserscheinungen wesentlich beeinflußt. Eine Vorstellung darüber liefert die Anwendung des *Huygens-Fresnelschen Prinzips*. Von jedem Punkt des Schwingers gehen im homogenen und isotropen Medium kugelförmige Elementarwellen aus. Diese erzeugen letztendlich das Schallfeld, unter Beachtung des Schwingerrandes.

Im beschallten Medium treten Dichte- und Druckschwankungen verbunden mit Temperaturänderungen auf. Diese erfolgen bei Ultraschallfrequenzen adiabatisch, d.h. so schnell, daß kaum ein Wärmeaustausch zwischen benachbarten Volumenelementen stattfindet. Die Abweichungen der Dichte- und Druckschwankungen von ihren Werten im Ruhezustand des Mediums sind nicht sehr groß. Die Schallfeldgrößen sind auch miteinander verknüpft.

Man bezeichnet den Teil des Schallfeldes, der sich unmittelbar an den Schwinger anschließt und in dem starke Interferenzen auftreten, als *Nahfeld*. Es hat bei einem Kreiskolbenschwinger einen annähernden kreisförmigen Querschnitt, wie es in Abb. 8 zu sehen ist. An das zylinderförmige Nahfeld der Länge l_0 (Nahfeldlänge) schließt sich nach einer Übergangszone das konusförmige *Fernfeld* an. Für das Nahfeld kann man annehmen, daß die Wellenfläche eben ist. Im Fernfeld weitet sie sich auf und wird nahezu kugelförmig. Das hat Konsequenzen für Dämpfungsmessungen. So kann die geometrische Ausweitung des Schallfeldes eine stoffbedingte Dämpfung vortäuschen. Die Ausdehnung des Nahfeldes wird durch

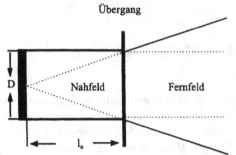

Übergang

D   Nahfeld   Fernfeld

l_0

Abb. 8 Vereinfachte Form des Schallfeldes eines Kolbenschwingers (D > λ)

den Schwingerdurchmesser D und die Wellenlänge λ bestimmt. Es gilt

$l_0 = (D^2 - \lambda^2)/4\lambda$.

Für Wellenlängen, die gegenüber dem Schwingerdurchmesser klein sind ($\lambda < D$), genügt die Näherung $l_0 \approx D^2/4\lambda$. Unter diesen Bedingungen kann man von einem „Schallstrahl" sprechen, in Analogie zum Lichtstrahl in der Optik.
Es genügt, wenn wir uns zum Zwecke einer mathematischen Formulierung von Schallfeldgrößen auf die Ausbreitung ebener harmonischer Wellen beschränken, wie es im Nahfeld gegeben sein kann. Die Lösung (3.3) der Wellengleichung beschreibt die Auslenkung eines Teilchens in Abhängigkeit von Zeit und Ort. Differentiation nach der Zeit liefert die *Schallschnelle*, die Geschwindigkeit der Medi-

$$v_- = dy/dt = y_0 \, \omega \, \cos(t - x/c), \hspace{3cm} (3.4)$$

umteilchen. Die maximale Geschwindigkeit - die Amplitude der Schnelle - beträgt $v_{o-} = y_0\omega$. Differenziert man Gl. (3.4) nochmals nach der Zeit, so erhält man

$$a = d^2y/dt^2 = - y_0 \, \omega^2 \sin\omega(t - x/c), \hspace{2.5cm} (3.5)$$

mit der Amplitude $B = \omega^2 y_0$. Aus den Beziehungen (3.4) und (3.5) liest man ab, daß die Geschwindigkeit der Mediumteilchen mit der Frequenz, die Beschleunigung mit dem Quadrat der Frequenz zunimmt.
Zur Erzeugung einer Welle muß Arbeit verrichtet werden. Diese Arbeit wird durch die Welle als Energie in den Raum, in das Medium, transportiert. Bei einer Wellenausbreitung findet ein Energie-, aber kein Massetransport (man denke an das Beispiel vom Kahn auf dem Wasser) statt. Die Energie wandelt sich im periodischen Wechsel ständig von potentieller in kinetische um und umgekehrt. Die

kinetische Energiedichte in der Volumeneinheit ist $W_{kin} = 1/2 \rho v_-^2$, wenn ρ die Materialdichte bedeutet. Setzt man für v_- den Wert aus Gl. (3.4) ein, erhält man

$$W_{kin} = \tfrac{1}{2} \rho \, y^2_0 \omega^2 \cos^2 \omega(t-x/c).$$

Nützlicher ist es zu wissen, wie groß der zeitliche Mittelwert, die mittlere kinetische Energiedichte $\overline{W}_{kin}$, ist. Dazu hat man diese Gleichung nach der Zeit zu integrieren. Der zeitliche Mittelwert des Kosinusquadrates ist $\tfrac{1}{2}$. Damit erhält man für die mittlere kinetische Energie je Volumeneinheit $\overline{W}_{kin} = \tfrac{1}{4} \rho y^2_0 \omega^2$. Da ferner der zeitliche Mittelwert der potentiellen Energiedichte gleich dem der kinetischen Energiedichte ist, erhält man für den zeitlichen Mittelwert $\overline{W}$ der Energiedichte, die mittlere Energiedichte $\overline{W} = \overline{W}_{kin} + \overline{W}_{pot} = \tfrac{1}{2} \rho \, y^2_0 \omega^2$. Die mittlere Energie- oder Schalldichte einer harmonischen Welle in einem Material ist proportional der Materialdichte, dem Quadrat der Schallfrequenz und dem Quadrat der Teilchenamplitude. Es ist bemerkenswert, daß die letztgenannten Proportionalitäten auch für nichtmechanische Wellen gelten.
Bei einer ebenen Welle ist die mittlere Energiedichte konstant, da die Größe der Fläche, durch die Energie hindurch tritt, sich nicht ändert.
Mit der Energiedichte steht die Schallintensität I oder Schallstärke im einfachen Zusammenhang. Unter der Intensität einer Welle versteht man den Quotienten aus der Energie, die in der Zeiteinheit durch eine zur Fortpflanzungsrichtung senkrechte Fläche A hindurch tritt:

$$I = W/Adt = \tfrac{1}{2} y_0 \omega^2 c = \tfrac{1}{2} \rho \, v^2_0 c.$$

Die Energiedichte, multipliziert mit der Ausbreitungsgeschwindigkeit der Welle, ist gleich der *Intensität*.
Betrachten wir als weitere Größe den in einer Schallwelle herrschenden Wechseldruck p_-. Ist kein Schall im Medium vorhanden, herrscht dort ein konstanter Normaldruck p_K. In Luft wäre das der Luftdruck. Dringt Schall in das Medium ein, so greifen an den einzelnen Volumenelementen noch zusätzliche Kräfte an. Die auf die Volumeneinheit bezogene Newtonsche Bewegungsgleichung F = ma (Kraft = Masse mal Beschleunigung) lautet: Das Produkt aus Materialdichte ρ und Beschleunigung a ist gleich der wirkenden Kraft pro Volumeneinheit. Die Kraft wird hervorgerufen durch ein infolge des einfallenden Schalls vorhandenes Druckgefälle, z.B. längs der Ausbreitungsrichtung x, also durch die Größe - dp/dx. Damit lautet die Newtonsche Bewegungsgleichung $\rho a = -dp/dx$. Setzt man für a die Beziehung (3.5) ein, erhält man $-\rho y_0 \omega^2 \sin\omega(t-x/c) = -dp/dx$. Die Integration dieser Beziehung liefert den Gesamtdruck p_G und auch die gesuchte Abhängigkeit des Schallwechseldruckes p_- von Ort und Zeit:

$$p_G = p_K + y_0\rho\omega c \cos\omega(t-x/c) = p_K + p_-.$$ (3.6)

Der erste Summand p_K ist der im Medium herrschende Normaldruck. Der zweite Summand beschreibt den durch die Welle hervorgerufenen *Schallwechseldruck*. Sein maximaler Wert, die Amplitude, ist $p_0 = \omega y_0 \rho c = v_{0-}\rho c$.

Aus dieser Gleichung erhält man zwei das schallführende Material kennzeichnende Größen: die Schallhärte (Verhältnis von Schalldruckamplitude und Schwingungsamplitude des Teilchens) $p_0/y_0 = \omega\rho c$ und den Schallwellen- oder Schallkennwiderstand (Verhältnis von Schallwechseldruckamplitude und Amplitude der Schallschnelle) $p_0/v_{0-} = \rho c$. Das reelle Produkt ρc hat für jedes Material einen charakteristischen Wert. Er kennzeichnet die akustischen Eigenschaften des Stoffes und heißt deshalb *Schallkennwiderstand*. Berücksichtigt man die Schallabsorption des Mediums, so wird diese Größe komplex. In Anlehnung an die Elektronik bezeichnet man den Schallkennwiderstand auch als Wellenwiderstand, weil die letzte Beziehung eine Analogie zum Ohmschen Gesetz der Elektrizitätslehre darstellt. Allerdings setzt der Schallwellenwiderstand keine Energie in Wärme um, insofern hat er nicht die Bedeutung eines Ohmschen Widerstandes.

Eine für die Ausbreitung des Ultraschalls wichtige Größe ist der *Schallstrahlungsdruck*. Nach Gl. (3.6) setzt sich der Gesamtdruck aus dem im Medium herrschenden Normaldruck und dem vom Schall erzeugten Wechseldruck zusammen. Bildet man den zeitlichen Mittelwert des Gesamtdruckes, so fällt das Kosinusglied, verursacht durch den Schallwechseldruck, weg. Allein der Normaldruck bleibt übrig. Das widerspricht zunächst der experimentellen Erfahrung, daß Schallwellen beim Auftreffen auf ein Hindernis einen zeitlich periodischen Wechseldruck ausüben, dessen Mittelwert von Null verschieden ist. Die Ursache für diesen „Widerspruch" liegt im nichtlinearen Charakter dieser Erscheinung. Die vorausgesetzte Wellengleichung stellt nur eine erste Näherung dar. Um den Schallstrahlungsdruck mit zu erfassen, müßten Näherungen höherer Ordnung berücksichtigt werden. Die Schallamplitude ist z.B. nicht mehr sehr klein im Vergleich zur Wellenlänge. Danach würde sich ergeben, daß der Schallstrahlungsdruck gleich der Energiedichte W im Medium ist. Grenzen z.B. zwei verschiedene Medien aneinander, so ist der auf die Grenzfläche wirkende Schallstrahlungsdruck gleich der Differenz der in den Medien vorhandenen Schallstrahlungsdrücke (Energiedichten). Immer verläuft die Richtung dieses Druckes vom Medium mit dem höheren Schallstrahlungsdruck nach dem mit dem niederen. Der Schallstrahlungsdruck ist ein Gleichdruck. Er äußert sich in einer konstanten Kraft, die auf ein Hindernis ausgeübt wird, das sich in der Ausbreitungsrichtung des Schalls befindet. Übersteigt z.B. der Strahlungsdruck die Oberflächenspannung der Flüssigkeit, in der sich der Schall ausbreitet, quillt diese auf, es kommt zu der bekannten Ultraschallfontäne.

3.4 Schallausbreitung

Mehrfach wurde bereits etwas über die Ausbreitung von Ultraschall geschrieben. Wir kennen Schallquellen und -empfänger und die Ausbreitung im Schallfeld. Unsere täglichen Erfahrungen besagen, daß die Ausbreitung des Schalls durch Gegenstände, Hindernisse und Öffnungen, die sich ihm in den Weg stellen, verschiedenartig gestört wird. Es ist auch etwas anderes, ob sich Schallwellen im freien Raum oder in abgeschlossenen Räumen und begrenzten Medien ausbreiten. Eine Schallwelle breitet sich in einem isotropen Medium (z.B. Luft) von einer punktförmigen Quelle ausgehend nach allen Seiten hin „kugelförmig" aus. Neben Kugelwellen kennen wir bereits ebene Wellen, kreisförmige Wellen u.a. Hindernisse und Raumbegrenzungen sind Inhomogenitäten. Sie stören die Ausbreitung des Schalls auf unterschiedliche Weise.

In den Abschnitten über die mechanischen Wellenarten und das Schallfeld wurde bereits angedeutet, daß die Abmessungen eines festen Körpers und seine Begrenzungen sowohl die Ausbildung der Wellenart als auch die ungestörte Ausbreitung von Wellen in ihm beeinflussen. Wesentlichen Einfluß auf die Ausbreitung hat das Verhältnis von Wellenlänge λ zur Ausdehnung d eines Hindernisses, des Schallsenders oder einer Öffnung. Es kommt zu Abweichungen der Wellenausbreitung von der Geradlinigkeit infolge von Brechung, Beugung und Streuung und zur Reflexion.

Ist die Abmessung eines Hindernisses d sehr viel größer als λ ($d \gg \lambda$), so erfolgt die Wellenausbreitung geometrisch. Hindernisse werfen einen Schatten, der Schall breitet sich „strahlenförmig" aus. Sobald d nur wenig größer und nahezu vergleichbar wird mit λ ($d > \lambda$), beobachtet man *Beugungserscheinungen*. Im geometrischen Schattenraum findet man jetzt Wellenbewegungen. Man erinnert sich an seine Kindheit, wenn man von der Mutter durch ein Fenster gerufen wurde, stritt man es ab, ich habe nichts gehört. Aus Erfahrung wußte sie wohl, daß ihr Ruf auch den nicht sichtbaren Sprößling erreicht hatte. Die Fensteröffnung (1 m) war etwa gleich λ bei f = 300 Hz. Wird schließlich d viel kleiner als λ ($d \ll \lambda$), so wird das Hindernis selbst zum Sender, zum Ausgangspunkt neuer Elementarwellen. Die einfallende Welle wird gestreut, es kommt zur *Streuung*.

Prinzipiell beschreibt die Wellengleichung alle möglichen Wellenvorgänge, wenn man sie in allgemeinster Form anwendet. Nur muß man oft darauf verzichten, eine exakte Lösung anzugeben. Deshalb wendet man in vielen Fällen andere Überlegungen an, um einen tieferen und anschaulichen Einblick in die Wellenvorgänge zu erhalten. Für geometrische Konstruktionen und überschaubare Rechnungen erweist sich dabei das Huygens-Fresnelsche Prinzip als nützlich und einfach handhabbar. Es gehört zu jenen allgemeinen Erfahrungssätzen in der Physik, die sich bis heute bewährt haben und zu denen es bislang keinen Widerspruch gibt.

3.4.1 Wellenausbreitung im unbegrenzten Medium

Als ein unbegrenztes Medium können wir uns Luft oder eine Flüssigkeit vorstellen. Erzeugt man in diesem Medium mehrere Wellen, so durchkreuzen sich diese. Welche resultierende Verrückung erleidet dann ein Massepunkt, der unter der gemeinsamen gleichzeitigen Wirkung mehrerer Wellen steht, den jede einzelne Welle für sich in eine Schwingung versetzen würde? Die resultierende Verrückung ist i.allg. gleich der algebraischen Summe der Einzelverrückungen. Jedes Wellensystem breitet sich so aus, als seien die anderen Wellensysteme nicht vorhanden. Für harmonische Wellen gilt das Prinzip von der ungestörten Überlagerung, das *Superpositionsprinzip*. Die Erscheinung, die durch die ungestörte Überlagerung von Wellen an einer Stelle des Raumes hervorgerufen wird, heißt *Interferenz*. Soll diese für unser Auge erkennbar, sichtbar sein, muß die Phasendifferenz, die Phasenbeziehung der Wellen untereinander, an den Orten der Überlagerung konstant sein. Ist das der Fall, nennt man die Wellen kohärent. Betrachten wir als einfachstes Beispiel die Überlagerung zweier ebener Wellensysteme im isotropen Medium, die von zwei Punktquellen ausgehen. Beide Wellen sollen mit gleicher Phase erregt werden und dieselbe Frequenz besitzen. Bewegen sie sich im gleichen Medium, haben sie auch die gleiche Wellenlänge (Abb. 9). Die in Abb. 9 dick ausgezogenen Linien stellen Wellenberge, die dünn ausgezogenen die Wellentäler dar. Dort, wo sich nach dem Superpositionsprinzip zwei Wellenzüge mit gleichem Schwingungszustand (Phase) treffen - an den Schnittpunkten gleich stark oder gleich dünn gezeichneter Kreise - tritt eine Verstärkung auf. An den Stellen, an denen sich dick und dünn ausgezogene Kreise kreuzen, also Wellen mit entgegengesetzten Phasen aufeinander treffen, wird eine - wenn die Beträge

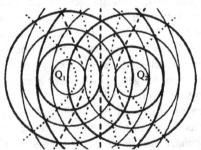

Abb. 9 Zur Entstehung von *Interferenzhyperbeln* durch die Überlagerung zweier kohärenter kreisförmiger Wellen

der Amplituden beider Wellen gleich sind - Auslöschung stattfinden. In Abb. 9 sind Orte der Auslöschung durch punktierte Linien markiert, Orte der Verstärkung durch starke, gestrichelte Linien. Die so konstruierten Kurven sind Hyperbeln; sie haben die beiden Wellenzentren Q_1 und Q_2 als gemeinsame Brennpunkte.

Bleiben wir bei diesem Beispiel. Wie gelangen die einzelnen Wellen vom Erregerzentrum überhaupt in den Raum? Hier weist uns die Anwendung des *Huygens-Fresnelschen Prinzips* den Weg. Es lautet: „Jeder Punkt einer Phasenfläche kann als Ausgangspunkt einer Elementarwelle angesehen werden. Die (äußere) Einhüllende der Elementarwellen gleicher Phase ergibt wieder eine Phasenfläche der ursprünglichen Welle." Elementarwellen werden von den Punkten des Stoffes als ursprüngliche Wellen ausgesendet. In isotropen Stoffen sind es Kugelwellen. Das Prinzip erlaubt eine geometrische Konstruktion, liefert aber z.B. keine Begründung für die Verteilung der Energien. Warum läuft denn eine sich ausbreitende Kugelwelle immer nach außen weiter und nicht in sich zurück? Solche Fragen können nur mathematisch beantwortet werden. In der Natur sind die Medien nicht unbegrenzt, in ihnen gibt es Hindernisse, es treten mehrere Medien voneinander abgegrenzt auf. Die Medien können fest, flüssig und gasförmig, z.T. miteinander vermischt, sein.

3.4.2 Schallwellen an Grenzschichten

Fällt eine Schallwelle aus einem Medium 1 kommend auf eine unendlich ausgedehnte Grenze eines Mediums 2, das einen anderen Schallkennwiderstand besitzt, so kann es zur Reflexion, Brechung und Totalreflexion kommen. Mit dem Huygens-Fresnelschen Prinzip kann man diese Erscheinungen beschreiben.
Es falle eine ebene Welle schräg auf die Grenzfläche zweier isotroper Medien. Die akustischen Verhältnisse seien so, daß es zu einer reinen Reflexion kommt (Abb. 10a). Der Vereinfachung wegen nehmen wir in Abb. 10b) an, daß reine Brechung stattfindet. Im ersten Medium sei die Phasengeschwindigkeit der Schallwelle c_1 größer als die Geschwindigkeit c_2 im angrenzenden zweiten Medium. In Abb. 10

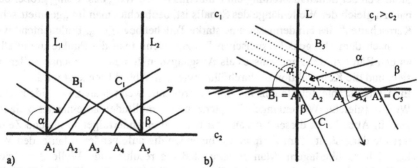

a)   b)

Abb. 10 Zur Herleitung des Reflexions- a) und Brechungsgesetzes b) nach dem Huygens-Fresnelschen Prinzip. Die Punkte A_1 bis A_5 seien Ausgangspunkte von Elementarwellen

sind Ausschnitte aus Wellenfronten, Lote der einfallenden, reflektierten und ge-
brochenen Welle sowie die zugehörigen Wellennormalen eingezeichnet.
Aus einfachen geometrischen Betrachtungen (Abb. 10a) folgt, daß bei der *Reflexi-on*, wenn die Wellennormale der einfallenden und reflektierten Welle mit dem
Einfallslot in einer Ebene liegen, der Einfallswinkel gleich dem Reflexionswinkel
ist ($\alpha = \beta$). Das ist das Reflexionsgesetz.
Liegen bei der Brechung einer Welle an der Grenzfläche zweier isotroper Medien
ebenfalls die Wellennormalen und Lote in einer Ebene, so findet man wieder aus
einfachen geometrischen Überlegungen (Abb. 10b) die Beziehung

$$\sin\alpha/\sin\beta = B_5A_5/A_1C_1 = c_1/c_2.$$

Das ist das *Snelliussche Brechungsgesetz*. Die Richtungsänderung der gebroche-
nen Welle wird durch das Verhältnis der Geschwindigkeiten bestimmt. Reflexion
und Brechung kommen meistens gleichzeitig vor. Oft läßt sich aber die eine Erscheinung gegenüber der anderen vernachlässigen. Für die geometrische Konstruktion ist es gleichgültig, aus welchem Medium die Welle kommt und in welches Medium hinein sie gebrochen wird. Denkt man sich den Weg der gebroche-
nen Welle in Abb. 10b) umgekehrt verlaufend, so finden wir, daß die Welle vom
Lot weg gebrochen wird. Für $\alpha = 90°$ kommt es nach diesen Überlegungen in dem
Medium mit der größeren Phasengeschwindigkeit zu überhaupt keiner Wellener-
scheinung mehr. Es tritt *Totalreflexion* auf, und zwar für alle Einfallswinkel, die
größer sind als der Grenzwinkel der Totalreflexion β_G, für den gilt: $\sin\beta_G = c_1/c_2$.

3.4.3 Schallbeugung und Schallstreuung

Stellt sich der Schallausbreitung ein Hindernis in den Weg, das wenig größer oder
nahezu gleich der Wellenlänge des Schalls ist, beobachtet man im „geometrischen
Kernschatten" des Hindernisses eine starke Teilchenbewegung. Einleuchtend wird
das nach dem Huygens-Fresnelschen Prinzip, wenn man die Punkte unmittelbar
an den Rändern des Hindernisses als Ausgangspunkte neuer Elementarwellen an-
sieht und die Konstruktion so durchführt, wie es in Abb. 11 gezeigt wird.
Eine interessante Interferenzerscheinung tritt auf, wenn man zwei „identische'
Wellen (gleiche Wellenlänge, Frequenz und Amplitude) aufeinander zulaufer
läßt. In Abb. 12 ist dieser Vorgang für neun aufeinanderfolgende gleiche Zeitin-
tervalle dargestellt. Zum Zeitpunkt 0 beginnen die aufeinander zulaufenden Wellen, sich zu überlagern. Man erkennt, daß die resultierende Welle die gleiche
Wellenlänge und die doppelte Amplitude wie die Ausgangswelle hat, aber nich
mehr fortschreitet. Die Welle bleibt „ stehen". Im Abstand von $\lambda/2$ befinden sich

Stellen, an denen das Medium immer ruht. Genau dazwischen liegen die Stellen, an denen das Medium maximal schwingt. Das sind die Knoten und Bäuche der Bewegung. Zu den Zeitpunkten 2, 4, 6 und 8 verschwindet die Welle vollkommen. Mit dem Auge kann man das schwer erkennen, weil beim Experimentieren die Frequenzen einfach zu hoch, d.h. größer als etwa 20 Hz, sind.

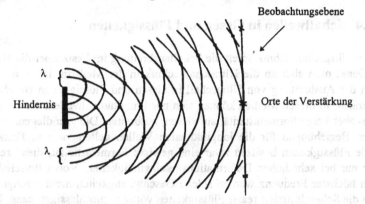

Abb. 11 Interferenzerscheinung bei der Beugung an einem Hindernis

Stehende Wellen treten auf, wenn die Wellen auf die Grenzfläche zweier Medien

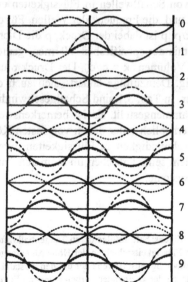

Abb. 12 Ausbildung einer stehenden Transversalwelle durch das Aufeinanderzulaufen zweier kohärenter Transversalwellen

treffen, reflektiert werden und in sich selbst zurücklaufen. Hin- und rücklaufende Wellen überlagern sich. Geht Energie in das zweite Medium hinein, besteht keine Amplitudengleichheit mehr. Man behandelt das Problem dann so, als käme es zu einer Überlagerung zwischen einer stehenden und einer fortlaufenden Welle.

3.4.4 Schallwellen in Gasen und Flüssigkeiten

In der Ultraschalltechnik spielt die Schallausbreitung im Festkörper die Hauptrolle. Denkt man aber an die Ultraschalltechnik in der Medizin, ist es notwendig, auch der Ausbreitung von Ultraschall in Gasen und Flüssigkeiten Beachtung zu schenken. In diesen Medien können sich nur Longitudinalwellen, weil sie Volumen- aber keine Formelastizität aufweisen, ausbreiten. Die grundlegenden akustischen Beziehungen für die longitudinalen Wellen gelten wie in Festkörpern. Reale Flüssigkeiten besitzen zwar eine gewisse Formelastizität, diese zeigt sich aber nur bei sehr hohen Deformationsgeschwindigkeiten. Von Ultraschallwellen auch höchster Frequenz werden solche Geschwindigkeiten nicht erzeugt, so daß man die Scherelastizität realer Flüssigkeiten völlig vernachlässigen kann. Die Bildung viskoser[2] Scherwellen in einer viskosen Flüssigkeit ist zwar möglich, weil die Energie solcher Wellen aber sehr schnell in kurzer Entfernung vom Sender aufgezehrt, absorbiert wird, braucht man diese nicht zu berücksichtigen.

Beachtlichen Einfluß auf die Ausbreitung von Schallwellen in Flüssigkeiten und Gasen haben die Temperatur dieser Medien und die Frequenz der Wellen. Für die Schallgeschwindigkeit in Gasen gilt $c^2 = p\kappa/\rho$; p ist dabei der Druck, ρ die Dichte und κ der Adiabatenexponent, das Verhältnis der spezifischen Wärmen, gemessen bei konstantem Druck und konstantem Volumen $\kappa = c_p/c_V$. Der Druck p und die Dichte ρ sind stark temperaturabhängig. Demzufolge ändert sich auch die Schallgeschwindigkeit c mit der Temperatur. In Tab. 3.1 sind Schallgeschwindigkeiten einiger Gase und Flüssigkeiten zusammengestellt. Es ist bemerkenswert, daß die Werte für Flüssigkeiten und Gase erheblich unter denen von festen Körpern liegen und die Longitudinalwellengeschwindigkeit in Flüssigkeiten durchweg größer ist als in Gasen. Das hat vor allem seine Ursachen im atomaren, molekularen und strukturellen Aufbau dieser Systeme.

---

[2] Die Viskosität (Zähigkeit, innere Reibung) ist eine Eigenschaft, infolge deren Tangentialkräfte F auftreten, die einer gegenseitigen Verschiebung von Flüssigkeitsschichten der Höhe Δh entgegenwirken. Es gilt $F = -\eta A \Delta v/\Delta h$, dabei ist Δv die Geschwindigkeitsdifferenz der um den Abstand Δh voneinander entfernt liegenden Schichten, A die Fläche der aneinander vorbeigleitenden Schichten und η die dynamische Viskosität oder Koeffizient der inneren Reibung.

Tabelle 3.1: Schallgeschwindigkeit für einige Gase und Flüssigkeiten

Gas	Schallgeschwindigkeit bei 0 °C in m/s	Flüssigkeit	Schallgeschwindigkeit bei 0 °C in m/s
Chlor	206	Tetrachlorkohlenstoff	938
Kohlendioxid	258	Ethylalkohol	1180
Sauerstoff	315	Wasser	1184
Stickoxid	324	Benzin	1326
Stickstoff	377	Quecksilber	1451
Helium	971	Glyzerin	1923
Wasserstoff	361	Aceton	1200
Luft	331	Dieselöl	1250

Am Beispiel des Kohlendioxids demonstriert Abb. 13 die Frequenzabhängigkeit der Geschwindigkeit. Eine Geschwindigkeitsänderung mit der Frequenz heißt *Dispersion*. Im vorliegenden Fall kommt sie durch Schwingungsbewegungen der

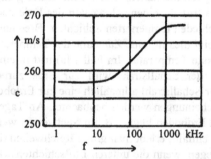

Abb. 13 Schalldispersion am Beispiele von Kohlendioxid CO_2

Atome im CO_2-Molekül, von außen angeregt durch die Energie der Schallwelle, zustande. Der Schallwelle wird Energie entzogen, was sich in einer erhöhten Absorption zeigt. Im Prinzip passiert das gleiche auch bei sog. Relaxationsvorgängen in Flüssigkeiten. Nur ist dort die Dispersion der Schallgeschwindigkeit bedeutend geringer und auch schwerer nachweisbar.

Daß die Geschwindigkeit in Gasen viel niedriger ist als in anderen Medien, ist wichtig für die Anwendung des Schalls in Gasen. Die zweite Tatsache bedeutet, daß man mit Schallmessungen auch für Gase Aussagen zur Struktur machen kann. Die Schallabsorption in Gasen wird durch ähnliche Gesetze, wie sie für Flüssigkeiten existieren, bestimmt. So hat Luft einen um etwa das 2000fache größeren Absorptionskoeffizienten als Wasser bei der gleichen Frequenz. Die Schallabsorption in Gasen wird zudem stark durch Beimischungen von Fremdgasen bestimmt. Sie steigt mit wachsender Konzentration dieser Gase. Jeder hat bereits erfahren, daß sich bei Anwesenheit von Wasserdampf in Luft die Reichweite des Schalls mit dem Feuchtigkeitsgehalt ändert. Die schallschluckende Wirkung der Luft ist daran zu spüren, daß man ein entferntes Gewitter nur noch am dumpfen Grollen wahrnimmt. Schalldämpfung ist besonders auch bei Nebel spürbar. Zudem tritt hier aber noch ein zusätzlicher Dämpfungsmechanismus auf, indem der Schall an den Nebeltröpfchen gestreut wird.

Es muß an dieser Stelle vermerkt werden, daß für große Entfernungen auf der Erde die Abnahme der Schallintensität keineswegs nach der auch für Gase allgemein gültigen Beziehung erfolgt. Durch Reflexion und Brechung an unterschiedlich warmen Luftschichten treten Besonderheiten ähnlich der Ausbreitung von Schall im Wasser auf. Die hohe Schallabsorption durch Gase bewirkt aber, daß eine Nachrichtenübermittlung im Ultraschallbereich wesentlich schlechter ist als in Flüssigkeiten. Sie wird demzufolge nur für Spezialfälle angewendet.

Was passiert, wenn Schall auf die Grenzschichten zwischen Luftmassen verschiedener Dichte oder Temperatur trifft? Bei schrägem Einfall einer Schallwelle auf die Trennungsgrenze zweier Medien tritt neben Reflexion noch Brechung auf. Für Luft heißt das, da die Schallgeschwindigkeit mit zunehmender Temperatur größer und mit abnehmender kleiner wird: Es tritt für einen schräg von der Erde nach oben verlaufenden Schallstrahl in verschieden temperierten Schichten Brechung, meist kontinuierliche, ein. Abb. 14a) zeigt dies für eine Zunahme der Temperatur mit der Höhe, Abb. 14b) für abnehmende Temperatur. Im Fall 14a) tritt in einer bestimmten Höhe Totalreflexion ein, der Schallstrahl wird zur Erde zurück „gekrümmt". Im Fall 14b) bekommt der Schallstrahl allmählich eine zur Erdoberfläche senkrechte Richtung. Beide Erscheinungen werden beobachtet. An Tagen, bei denen warme Luft über dem kalten Erdboden liegt, z.B. im Spätwinter, wenn Warmluft über Schnee- und Eisflächen einfällt, erlebt man große Reichweiten des Schalls. An heißen Sommertagen hingegen, wenn die unteren Luftschichten wärmer als die darüber liegenden sind, werden nur geringe Reichweiten beobachtet. Analoge Erscheinungen kann man auch in Flüssigkeiten finden.

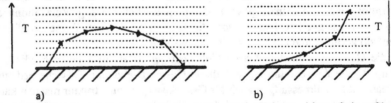

a)   b)

Abb. 14 Schallbrechung in Luft, wenn die Temperatur mit der Höhe zu- a) bzw. abnimmt b)

Praktisch ist Wasser das bedeutsamste Medium für die Ausbreitung von Flüssigkeitsschall. Die Lehre, die sich damit beschäftigt, ist die Hydroakustik. Für die Ausbreitungsgeschwindigkeit c_l longitudinaler Schallwellen in Flüssigkeiten gilt

$$c_L^{1/2} = K/\rho = 1/\beta_{ad}\rho \ . \tag{3.7}$$

K ist der Kompressionsmodul[3] , $\beta_{ad} = 1/K$ die adiabatische Kompressibilität und ρ die Dichte. Die Longitudinalwellengeschwindigkeit c_L kann in Flüssigkeiten in einem großen Bereich variieren (siehe Tabelle 3.1), bestimmt durch die stoffliche Dichte und den Kompressionsmodul. Letzterer ist eine sonst schwer meßbare Größe, die stark strukturabhängig ist. Da man c_L mit Ultraschall sehr genau messen kann, ist K somit bestimmbar. Die exakte Kenntnis von c_L selbst ist für manche technische und wissenschaftliche Frage notwendig und entscheidend. So muß man die Schallgeschwindigkeit im Meerwasser in Abhängigkeit von Salzgehalt und Druck (Wassertiefe) kennen, um Ultraschall und Schall dort anwenden zu können. Für medizinische Fragestellungen ist z.B. die Kenntnis der Schallgeschwindigkeit im Blut oder in Gewebsflüssigkeit notwendig. Technologische Anwendungen setzen die Kenntnis der entsprechenden Ultraschallparameter voraus.

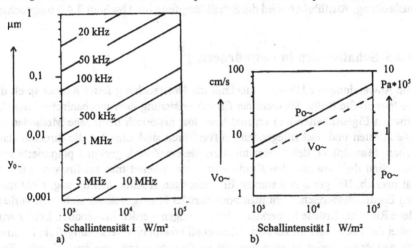

Abb. 15 Teilchenamplitude $y_{0\sim}$ a), Maximum der Schallschnelle $v_{0\sim}$ und des Schallwechseldruckes $p_{0\sim}$ b) in Abhängigkeit von der Schallintensität I

Eine Vorstellung über die Größe einiger Ultraschallparameter bei der Ausbreitung von Ultraschall in Flüssigkeiten vermitteln die Abbn. 15a) und 15b) am Beispiel von Wasser. Es sind dargestellt die Teilchenamplitude (15a), das Maximum der

---

[3] Es sei p der hydrostatische Druck und V das Volumen eines Körpers. Wirkt nun der Druck p auf den Körper, so ändert sich dessen Volumen gemäß dV/V = -p/K, es wird kleiner. Damit ist der Kompressionsmodul K definiert.

Teilchengeschwindigkeit (Schallschnelle) sowie der Schallwechseldruck in Abhängigkeit von der Schallintensität (15b). Die Teilchenamplitude ist selbst bei solch hohen Intensitäten von 10^5 W/m² relativ klein. Teilchengeschwindigkeit und Schallwechseldruck nehmen erhebliche Werte (z.B. 10^5 Pa bei 10^5 W/m²) an. Man sieht dann akustische Werte als klein an, wenn in Flüssigkeiten die Intensitäten des Schalls unter 10^2 bis 10^1 W/m² liegen. Das Gebiet mit Intensitätswerten größer als 10^4 W/m² nennt man *Leistungsschallgebiet*. Bei solchen Intensitäten werden viele „durchstrahlte" Stoffe zerstört oder gewollt verändert. Letzteres ist z.B. der Fall beim Einsatz von Ultraschall in der Materialbearbeitung. Für Untersuchungen zur Strukturaufklärung verwendet man Schallintensitäten, die so niedrig wie möglich sind, um zu verhindern, daß durch die Messung selbst am Untersuchungsmedium während der Messungen Änderungen erfolgen.

Neben der Schallgeschwindigkeit ist auch in Flüssigkeiten und Gasen die Absorption α der zweite interessierende Parameter zur Charakterisierung der Schallausbreitung. Ausführlich wird die Schalldämpfung im Abschnitt 3.4.6 besprochen.

3.4.5 Schallwellen in Festkörpern

Die Anwendung der Ultraschalltechnik zur Untersuchung fester Körper spielt die weitaus größte Rolle. Sie dient der Charakterisierung ihrer mechanischen und elastischen Eigenschaften und ergänzt bzw. löst historisch betriebene Methoden ab. Die ältesten und nächstliegenden Prüfverfahren sind zunächst die direkten statischen. Man drückt, dehnt oder biegt zu diesem Zweck geeignet präparierte Proben. Sind die einwirkenden Kräfte sehr klein, arbeitet man im linearen Elastizitätsbereich. Bei genügend starken Einwirkungen arbeitet man im sog. nichtlinearen Elastizitätsbereich. Geht man noch darüber hinaus, machen sich z.B. vorhandene Risse als Brüche bemerkbar. Verformungen werden irreversibel. Leider wird dabei das Prüfobjekt oft zerstört. Ultraschall erlaubt eine zerstörungsfreie Prüfung, ein zerstörungsfreies Messen, obwohl im Grunde genommen auch Druck-, Zug- und Scherkräfte auftreten. Aber deren Beträge sind vergleichsweise gering.

Für die Messung der Ultraschallgeschwindigkeit und -dämpfung ist eine Vielzahl von Methoden entwickelt worden und im Einsatz. Die Besonderheiten der unterschiedlichen Methoden entsprechen den Einsatzgebieten, Meßzielen, Anwendungszwecken u.a. Dabei hat es sich als zweckmäßig erwiesen, die Verfahren nach den Meßgrößen, die sie liefern, zu bezeichnen. So unterscheidet man grob Resonanz-, Intensitäts-, Laufzeitmethoden und solche Verfahren, die gleichzeitig eine Messung von Intensität und Laufzeit gestatten.

Das Eindringen von Ultraschall in Flüssigkeiten und Gase ist unkompliziert, da das Medium mit dem Ultraschallwandler unmittelbar Kontakt hat. Komplizierter

ist das „Hineinbringen" von Ultraschall in feste Stoffe. Manchmal gelingt es, den Wandler „aufzusprengen", anzudrücken. Schwierig wird es dann, ihn wieder vom Material zu lösen.
Bei festen Körpern können die Oberflächenform und die Rauhigkeit stören. Man muß dann in jedem Fall diese Störungen beseitigen, für Präzisionsmessungen die Oberfläche nahezu optisch plan polieren und durch ein geeignetes Koppelmedium den Wandler ankoppeln. Dicke und Homogenität der Koppelschicht sind zu kontrollieren. Der Schallwellenwiderstand der miteinander gekoppelten Stoffe ist zu beachten, damit keine unnötigen Reflexionen schon an der Grenze der Kittschicht entstehen u.a. Man hat zu bedenken, ob man mit transversalen oder longitudinalen Wellen arbeitet. Danach richtet es sich, ob die Kittschicht fest oder flüssig zu sein hat. Der Temperaturarbeitsbereich spielt eine Rolle. Öle, die z.B. bei Zimmertemperatur flüssig sind, können bei tiefen Temperaturen fest werden und dann auch Transversalwellen übertragen. Für die Ankopplung der Schwinger an feste Stoffe gibt es eine ganze Palette von Kittmitteln, wie Flüssigkeiten, Öl-Wachs-Mischungen und Epoxidharze. Hier spielt die Erfahrung des Experimentators eine große Rolle, insbesondere dann, wenn es um sensible Dämpfungsmessungen geht. Oft interessiert z.B. die Temperatur- und Frequenzabhängigkeit der Meßgrößen, das macht die Schwingerankopplung nicht einfacher. Der Arzt hat es, was die Ankopplung der Schwinger angeht, leichter; er benutzt geeignete Gele oder Wasser für die Einkopplung von Schall in den Körper.
Kennt man die Ausbreitungsgeschwindigkeit c im Stoff, kann man mit der *Resonanzmethode* z.B. eine *Dickenbestimmung* von Platten vornehmen. Dazu erzeugt man durch Reflexion an der wandlerfreien Fläche der Platte stehende Ultraschallwellen. Man arbeitet mit kontinuierlichen Ultraschallwellen und variabler Frequenz. Tritt in der Platte eine Resonanz auf oder treten nacheinander mehrere auf, kann aus der Frequenzdifferenz Δf aufeinanderfolgender Resonanzen die Materialdicke d entsprechend der Beziehung $d = c/2\Delta f$ bestimmt werden. Die Resonanz stellt man elektronisch über deren Rückwirkung auf den Schwinger fest.
Ein Verfahren, mit dem man die *Schallintensität* verfolgt, zeigt Abb. 16. Es wird

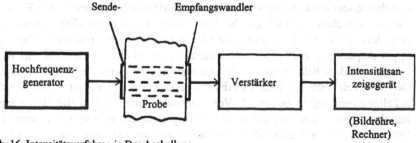

Abb. 16 Intensitätsverfahren in Durchschallung

vorwiegend in der Materialprüfung und Medizin eingesetzt. Die wohl am häufig-
sten genutzte Methode ist die Laufzeitmethode mit ihren vielen Varianten.
Grundlage dafür ist die Beziehung c = s/t. Gemessen wird die Laufzeit t eines Impulses für das Zurücklegen der Strecke s. Der vom Schall durchlaufene Weg muß
bekannt sein. Man nennt diese Verfahren *Ultraschallimpulsverfahren.*
Am genauesten unter den Impulsverfahren arbeitet das Impuls-Echo-Verfahren.
Hierbei werden die Echos von Rückwänden und Fehlern ausgenutzt. Als Sender

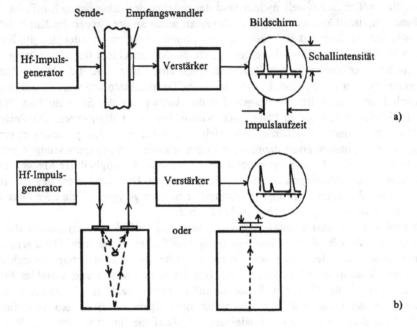

Abb. 17 Impuls-Laufzeit-Verfahren in Durchschallung a) und in Reflexion b)

und Empfänger dient derselbe Wandler, der elektronisch gesteuert, beide Funktio-
nen im zeitlichen Wechsel ausübt. Das Prinzip eines Impuls-Echo-Meßplatzes
zeigt Abb. 17. Das Echoanzeigegerät ist meist ein Katodenstrahloszillograph. Da
in gut präparierten Festkörperproben ein Schallimpuls mehrfach reflektiert wird,
entsteht auf dem Bildschirm des Oszillographen eine ganze Reihe von Signalen,
die alle voneinander den gleichen Abstand haben (Abb. 18). Dieser wird durch die
Schallgeschwindigkeit bestimmt. Voraussetzung dafür ist, daß die Dauer eines
Impulses nicht so groß ist, daß es zu Überlappungen der Echosignale kommt. Die
Höhe der Signale auf dem Bildschirm nimmt mit der Echofolge ab. Daraus kann
man Aussagen über die Schallschwächung gewinnen. Mit dem Auge erkennt man

den Abfall der Echohöhe, physikalisch abfallende e-Funktion genannt.

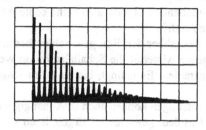

Abb. 18 Echofolge auf dem Bildschirm eines Oszillographen beim Impuls-Echo-Verfahren

Sehen wir von einer geometrisch bedingten Abnahme der Schallenergie infolge ihrer Verteilung auf immer größere Raumbereiche ab und beschränken uns auf ebene Wellen, dann muß man, um die Absorption der Wellen durch das Medium zu berücksichtigen, in der Gleichung (3.2) die Teilchenamplitude y_0 mit dem Faktor $e^{-\alpha d}$ multiplizieren ($y_0 e^{-\alpha d}$), wo α den Absorptionskoeffizienten und d die durchlaufene Strecke bedeutet. Genauso hat man mit der Schalldruckamplitude p_0 zu verfahren. Die Exponentialfunktion beschreibt die Eigenschaft, daß die jeweilige Abnahme pro Streckeneinheit immer proportional der zu Beginn der zu durchlaufenden Strecke vorhandenen Echohöhe ist. Der Abfall der Echohöhe ist der Grund für das negative Vorzeichen im Exponenten. Bezieht man die Dämpfung auf die Intensität, schreibt man $I = I_0 \exp(-\alpha_i d)$. Weil aber die Intensität dem Quadrat des Schalldrucks proportional ist, wird $\exp(-\alpha_i d) = \exp(-2\alpha d)$. Es gilt also $\alpha_i = 2\alpha$. Die Messung der Schallgeschwindigkeit von einer longitudinalen und zwei transversalen Wellen ermöglicht die Bestimmung der zwei Lameschen Konstanten für den isotropen homogenen Festkörper (in isotropen Körpern gibt es in allen Richtungen eine transversale und eine longitudinale Schallgeschwindigkeit, charakterisiert durch je eine Lamesche Konstante) und der *elastischen Steifigkeiten* c_{ij} für anisotrope Festkörper. In anisotropen Materialien treten in unterschiedlichen Richtungen unterschiedliche elastische bzw. mechanische Eigenschaften auf. Nur in den wenigsten Fällen können deren Steifigkeiten alle durch statische Dehnungs- bzw. Schubversuche ermittelt werden. Die dazu notwendigen großen Einkristallproben stehen kaum zur Verfügung. Hingegen gelingt es mit Ultraschall, am gleichen Material die Geschwindigkeit unterschiedlich angeregter Schallwellen zu messen. Man nutzt dazu die Tatsache aus, daß sich im Festkörper eine longitudinale und zwei transversale Wellen mit zueinander senkrechten und daher voneinander unabhängigen Schwingungsrichtungen der Teilchen ausbreiten können. Die Messung der Ultraschalldämpfung liefert die Möglichkeit der Fehlererkennung in Werkstücken. Erkennbar sind Stellen, an denen die Absorption durch den „Fehler" gegenüber der des umgebenden Materials um etwa 1 % und mehr verändert wird, wie es u.a. bei Rissen und Lunkern, die oft Luft einschließen, der Fall ist. An den Grenzflächen solcher Fehler treten Änderungen der akustischen Eigenschaften auf. Die Ursache der Schallschwächung in diesen Fällen ist eine diffuse Reflexion, Beugung oder Brechung des einfallenden Strahls, also keine echte Absorption, wie sie z.B. bei Phasenübergängen eintritt.

Ein wesentlicher Vorteil des Ultraschalls gegenüber den Röntgenstrahlen besteht in der Metallkunde darin, daß im homogenen Material die Schallabsorption wesentlich geringer ist als die von Röntgenstrahlen. Es gelingt, bis zu 10 m lange Strecken zu durchschallen.

Schallgeschwindigkeits- und Dämpfungsmessungen können auch in Abhängigkeit von Frequenz und Temperatur erfolgen. Aus den gewonnenen Ergebnissen kann man auf vorhandene Versetzungen, Fehlstrukturen des Materials, auf geringe Verunreinigungen, mögliche Phasenumwandlungen und Gefügeänderungen sowie andere Effekte schließen. So liefert Ultraschall auch eine Möglichkeit Strukturen, und zwar sowohl Grob- als auch Feinstrukturen, von Materialien zu untersuchen.

Unter der Bestimmung elastischer Eigenschaften mit Ultraschall versteht man die dynamische Messung linearer und nichtlinearer elastischer Stoffgrößen, Materialparameter oder -konstanten. Die Frequenzen des Ultraschalls sind so hoch, daß die Zeit für einen möglichen Wärmeausgleich zwischen den Knoten und Bäuchen bzw. Verdichtungen und Verdünnungen der elastischen Welle zu kurz ist. Man mißt unter adiabatischen Bedingungen. Die Unterschiede zwischen isotherm und adiabatisch bestimmten Koeffizienten betragen i. allg. weniger als 0,5 %.

Die unmittelbar aus Ultraschallmessungen bestimmbaren *elastischen Steifigkeiten* c_{ij} sind definiert als Koeffizienten im *Hookeschen Gesetz* $T_i = c_{ij}S_j$, mit T_i als der mechanischen Spannung und S_j der Dehnung. Ihre Berechnung erfolgt *anhand der Beziehung* $c_{ij} = \rho c^2$, wobei c die Phasengeschwindigkeit in dem betreffenden Stoff (bei gekennzeichneter Richtung von Schallausbreitungs- und Schwingungsrichtung der Teilchen) und ρ die Materialdichte bedeuten. Moderne Methoden erlauben heute Genauigkeiten, die für relative Geschwindigkeitsänderungen besser sind als 10^{-6}. Für absolute Messungen betragen sie 10^{-4}. Die benötigten Probenlängen können wenige Millimeter lang sein. Das sind sehr günstige Bedingungen für die Untersuchung elastischer Eigenschaften in Abhängigkeit von äußeren Einflüssen (Drucke, Temperaturen, Felder). Gerade diese interessiert häufig den Anwender von Materialien (Metalle, Gläser, Keramiken, Kunststoffe, Kristalle). Man denke in diesem Zusammenhang nur an die extremen Belastungen, denen die Materialien beim Einsatz in Hochdruckkesseln und in kerntechnischen Anlagen, in Autozylindern, beim Betrieb unter Wasser oder unter kosmischen Bedingungen ausgesetzt werden. Die Beispiele belegen, daß in der industriellen und technischen Praxis enorme äußere Kräfte, extreme Temperaturen usw. an den Materialien angreifen. Das Hookesche Gesetz in der Form $T_i = c_{ij}S_j$ gilt nicht mehr. Jetzt muß man die nichtlinearen Eigenschaften der Materialien kennen.

Spürbar wird das bei der Messung der Ultraschallgeschwindigkeit dadurch, daß die Geschwindigkeiten von den äußeren Einwirkungen, z.B. dem Druck, selbst abhängen.

Wenig wurde bisher über völlig isotrope Stoffe gesagt. Nur für solche Stoffe gelten einfache Beziehungen der Form $G = c_T^2\rho$, wobei G der *Scher- oder Gleitmodul* (identisch mit einer Lameschen Konstanten), c_T die Geschwindigkeit einer transversalen Ultraschallwelle und ρ die Materialdichte bedeutet. Unsere gebräuchlichsten Werkstoffe (Stahl, Kupfer, Einkristalle in der Optik usw.) aber sind meist anisotrop. Für einfachste anisotrope Stoffe mit kubischer Kristallstruktur (Eisen) gibt es schon drei voneinander unabhängige elastische Steifigkeiten: c_{11}, c_{44} und c_{12}. Das Kristallsystem besitzt nämlich drei Richtungen, in denen sich die Schallwellen mit zueinander orthogonalen Verschiebungsrichtungen der Teilchen aus-

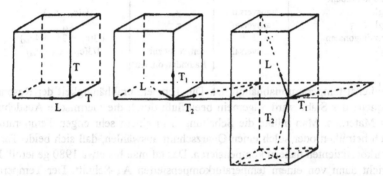

Abb. 19 Schallausbreitungsmöglichkeiten in kubischen Kristallen (die entsprechenden wirksamen elastischen Koeffizienten s. Tab. 3.2). L: Longitudinalwelle, T: Transversalwelle

breiten (Abb. 19). In diesem Fall muß man auf die Tensorschreibweise zurückgreifen. Zur Messung von $c_{11} = c_{22} = c_{33}$ benötigt man eine Longitudinalwelle und zur Messung von $c_{44} = c_{66} = c_{55}$ bzw. $c_{12} = c_{21} = c_{13} = c_{31} = c_{23} = c_{32}$ zwei transversale Wellen, die senkrecht zueinander polarisiert sind, d.h. wo die Teilchen des Materials senkrecht zur Schallausbreitungsrichtung schwingen. Bei Anisotropie kommt noch hinzu, daß auch die Temperaturabhängigkeit der Schallgeschwindigkeit bzw. der elastischen Steifigkeiten in den verschiedenen Richtungen unterschiedlich sein kann. Die Schallgeschwindigkeit kann mit zunehmender Temperatur ansteigen, dann spricht man von einem positiven Temperaturkoeffizienten. Nimmt sie ab, spricht man vom negativen Temperaturkoeffizienten. Es ist auch möglich, daß in einem gewissen Temperaturbereich eine Zunahme und in einem anderen anschließenden eine Abnahme zu beobachten ist.

Die Verwendung von Piezoquarzen als frequenzbestimmende Glieder in elektronischen Schaltungen zur Frequenzstabilisierung ist von großer Bedeutung. Hier kommt es auf höchste Frequenzkonstanz an. Längsschwingende Stäbe müssen aus einem Quarzkristall so herausgeschnitten werden, daß ihre Schwingungsfrequenz

Tabelle 3.2: Mögliche Schallausbreitungsrichtungen in kubischen Kristallen zusammen mit den wirksamen elastischen Koeffizienten (siehe Abb. 19)

Einstrahlrichtung der Welle längs der	Wellentyp	Polarisations-richtung	Wirksame elastische Koeffizienten
Würfelkante x	longitudinal	--	c_{11}
Würfelkante x	transversal	y	c_{44}
Würfelkante x	transversal	x	c_{44}
Flächendiagonalen in der x-y-Ebene	longitudinal	--	$\frac{1}{2}(c_{11} + c_{12} + 2c_{44})$
desgl.	transversal	y	$\frac{1}{2}(c_{11} - c_{12})$
desgl.	transversal	z	c_{44}
Raumdiagonalen	longitudinal	--	$1/3(c_{11} + 2c_{12} + 4c_{44})$
desgl.	transversal	senkrecht zur Raumdiagonalen	$1/3(c_{11} - c_{12} + c_{44})$

möglichst temperaturunabhängig ist. Die Temperaturabhängigkeit der Resonanz-frequenz der Stäbe wird allgemein beeinflußt durch die thermische Ausdehnung des Materials. Man müßte die Schaltungen in einem sehr engen Temperaturbe-reich betreiben oder solch einen Quarzschnitt auswählen, daß sich beide Tempe-raturkoeffizienten nahezu kompensieren. Das tat man bis etwa 1980 generell. Man spricht dann von einem temperaturkompensierten AT-Schnitt. Der Temperatur-koeffizient liegt dabei in der Größenordnung von 10^{-6} (1 ppm), d.h., mit solchen Quarzschnitten bestückte Uhren können in einer Woche (604800 s) um etwa 1 s falsch gehen. Seit etwa 1980 berücksichtigt man einen dritten Einflußfaktor, der die Temperaturabhängigkeit der Frequenz in bestimmten Temperaturbereichen stark beeinflußt, nämlich das Auftreten einer plötzlichen Längenänderung (spontane Deformation[4]) zusätzlich zur linearen thermischen Ausdehnung. Dar-aufhin hat man im Quarz nach einem solchen Schnitt gesucht und gefunden, bei dem die Summe aller drei Komponenten die geringste Temperaturabhängigkeit der Frequenz liefert. Diesen Schnitt nennt man dehnungskompensierten ST-Schnitt. Uhren, die mit solchen Quarzschnitten bestückt sind, gehen etwa fünf-zigmal genauer, d.h. nur noch etwa 1 s falsch pro Jahr. Damit kann man z.B. die Flugzeit von Raketen genauer festlegen, was u.a. deren Zielgenauigkeit erhöht.

---

[4] Stoffe, die neben der linearen Ausdehnung während ihrer Erwärmung bei einer definierten Tem-peratur (oberhalb einer ferroelastischen Phasenumwandlungstemperatur) eine spontane Deforma-tion zeigen, heißen Ferroelastika

Neben den gemessenen Schallgeschwindigkeiten liefern auch Dämpfungsmessungen Informationen über die Eigenschaften von Festkörpern, wobei zur Gesamtabsorption eine Vielzahl verschiedener Prozesse, die im Material ablaufen, neben einfacher Schallreflexion, -brechung, -beugung und -streuung, beitragen können. In Festkörpern kommt noch eine Besonderheit hinzu. Ultraschallmessungen können nämlich dadurch gestört werden, daß sich eine *Wellenart in eine andere umformt*, z.B. longitudinale in transversale Wellen umwandeln. Auf dem Oszillographenschirm erscheint im einfachsten Fall nicht nur ein Rückwandecho, es tritt mindestens noch ein Nebenecho auf. Dämpfungsmessungen werden nahezu unmöglich und Geschwindigkeitsmessungen komplizierter. Das ist auch eine gegenüber der Optik neue Erscheinung. Sie wird durch Vorgänge der Reflexion und Brechung beim Schrägauffall von Wellen auf Grenzflächen hervorgerufen. Mit der Brechung und Reflexion treten immer longitudinale und transversale Wellen neu auf. Betrachten wir die Verhältnisse in einem Stahlprüfling (Abb. 20). Eine von einem Wandler erzeugte Longitudinalwelle läuft auf die Grenzfläche Stahl-

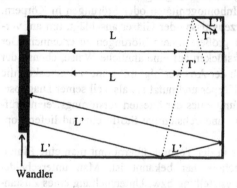

Abb. 20 Umwandlung der Wellenarten in einem Stahlprüfling, L: Longitudinalwelle, T: Transversalwelle

Luft zu. Verlaufen nun einfallende und reflektierte Welle im gleichen Material und sind beide entweder longitudinal oder auch transversal, dann sind deren Geschwindigkeiten gleich: $\sin\alpha_e/\sin\alpha_r = 1$ und daher ist der Einfallswinkel gleich dem Reflexionswinkel $\alpha_e = \alpha_r$. Die reflektierte Welle kann aber auch von anderer Art sein, weil bei Schrägeinfall einer Longitudinalwelle ($\alpha_e = \alpha_L$) das Teilchen an der Grenzfläche, das zum Ausgangspunkt neuer Wellen wird, immer auch solch eine Kraft- oder Schwingungskomponente ausübt, daß transversale Wellen ($\alpha_r = \alpha_T$) erzeugt werden, und zwar nach dem Gesetz $\sin\alpha_T/\sin\alpha_L = \sin\alpha_r/\sin\alpha_e = c_T/c_L$. Die Geschwindigkeit der Transversalwelle ist kleiner und daher ist der Reflexionswinkel ebenfalls kleiner als jener der reflektierten Longitudinalwelle. Für Stahl gilt $c_L = 6000$ ms^{-1} und $c_T = 3200$ ms^{-1}. Für den Einfallswinkel von 60^0 einer longitudinalen Welle beträgt der Reflexionswinkel für die Transversalwelle 29^0.

Diese Erscheinungen hat man bei der exakten experimentellen Bestimmung von Geschwindigkeiten und Dämpfungen zu beachten. Im Labor geschieht das u.a. dadurch, daß man das Durchmesserverhältnis von Wandler und Probe so wählt, daß der Schallstrahl die Seitenflächen nicht trifft. Die Endflächen der Meßstrecke werden so gestaltet und optisch planparallel poliert, daß für longitudinale Wellen ein senkrechter Einfall gewährleistet wird. Die Probenlänge wird dadurch bestimmt, daß der zweite Echoimpuls noch innerhalb der Nahfeldlänge liegt. Man begegnet damit einer Krümmung der Wellenfront.

Dem Geschick und der Erfahrung des Experimentators bleibt es überlassen, das wievielte Rückwandecho er für eine Auswertung seiner Messungen heranzieht.

3.4.6 Schallschwächung

Schall dient schon lange der Werkstoffprüfung. Man beobachtet z.B. anhand der Schallfrequenz oder deren Änderung das Schwingungsverhalten von Körpern und anhand der Schallschwächung z.B. Inhomogenitäten oder Störungen in Körpern. Es ist bekannt, daß man Porzellanerzeugnisse oder Gläser anschlägt, um am veränderten Klang Risse, Sprünge oder größere innere Störungen zu erkennen. Der Schmied macht das mit seinen Werkstücken auf eine ähnliche Weise, ebenso der Kunsttischler und Geigenbauer. Auch der Arzt verfolgt mit seinem Stethoskop die Schallausbreitung im menschlichen Körper und nutzt sie als Teil seiner Diagnose. So ist wahrscheinlich die Schallprüfung eines der ältesten zerstörungsfreien Prüfverfahren überhaupt. Schall dringt in undurchsichtige Stoffe ein und liefert optisch nicht erlangbare Informationen.

Bei der Anwendung des Ultraschalls in der Technik übernimmt man eine Einteilung, wie sie von der Röntgentechnik her bekannt ist. Man unterscheidet „*diagnostische*" Methoden, die der Feststellung bzw. Untersuchung eines Zustandes dienen, und „*therapeutische*" Methoden, bei denen man den Schall, die Schallenergie, auf einen Stoff einwirken läßt.

Die „therapeutischen" Methoden nutzen Schallenergie z.B. zum Reinigen von Teilen, zum Durchmischen von Flüssigkeiten oder Erwärmen bestimmter Volumina. In den diagnostischen Methoden dient Schall nur als Überträger (Signal) von Informationen, z.B. zum Orten von Fischschwärmen, zum Feststellen mechanischer Fehler in Stoffen und zur Prüfung von Werkstoffen auf ihren Zustand hin. Ideale Materialien vorausgesetzt, sollte die Schallenergie keine weitere Verteilung oder Abnahme erfahren, als durch die rein geometrische Schallausbreitung bedingt. Eine ebene Welle dürfte danach überhaupt keine Abnahme der Schallenergie zeigen, während sie bei einer Kugelwelle umgekehrt mit dem Quadrat des Abstandes $1/r^2$ vom Sender, den man als punktförmig annehmen müßte, abnehmen sollte. Gewiß spielt die Geometrie auf die Schallenergieabnahme oder -verteilung auch bei realen Stoffen eine Rolle. Ihr Einfluß wird insbesondere in Materialien mit anisotroper Schallausbreitung in komplizierter Weise zu berücksichtigen sein. In realen Stoffen kommen zwei Vorgänge hinzu, die entscheidend die Schallausbreitung beeinflussen: Streuung und Absorption. Beide faßt man mit den Begriffen Schwächung oder Extinktion zusammen. Manchmal spricht man auch von echter Absorption und meint damit, daß die hierbei ablaufenden Prozesse immer mit einer Energieumwandlung oder -umsetzung verbunden sind, während Streuprozesse eigentlich nur eine Energieneuverteilung oder -umverteilung bewirken. Abb. 21 zeigt, wie Teilchenamplitude und Schallintensität mit der durchschallten Strecke abnehmen. Der Quotient $1/\alpha$ gibt an, nach welcher zurückgelegten Strecke die Bewegungsamplitude der Teilchen auf den e-ten Teil (etwa 37 %) und die Schallintensität auf den e^2-ten Teil (etwa 14 %) abgefallen ist.

Welche physikalischen Prozesse zum Absorptionskoeffizienten beitragen, muß gesondert geprüft werden. Dazu können Untersuchungen in Abhängigkeit von der Frequenz, vom Druck, von der Temperatur und anderen äußeren Parametern erfolgen. Es ist sinnvoll, die Mechanismen der Schalldämpfung in Gasen, Flüssigkeiten und Festkörpern getrennt zu besprechen.

Zum Vergleich unterschiedlicher Schallintensitäten führt man den Begriff *Dezibel* (dB) ein, benannt nach dem amerikanischen Physiker *Graham Bell* (1 Bel = 10 Dezibel). Man sagt, zwei Schallintensitäten oder Schallstärken I und I_0 unterscheiden sich um $\alpha = 10\log I/I_0$ dB. Das Dezibel ist eine dimensionslose „Sondereinheit". Im ständigen Gebrauch ist sie aber recht praktisch. In der Akustik setzt man $I_0 = 10^{-12}$ W/m² als Vergleichsgröße fest. Eine Schwächung um 20 dB bedeutet eine Abnahme der Intensität auf 1/100, eine Verstärkung um 60 dB eine Zunahme der Intensität auf das 10^6-fache.

Noch eine Bemerkung zum Beispiel der Bestimmung der Dämpfung aus dem Echogramm (Abb. 18). Für das Beispiel mit $\alpha = 0,035$ m^{-1} erfolgt in Abb. 21 eine

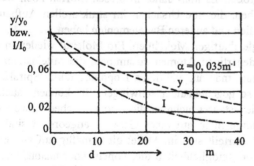

Abb. 21 Abnahme der Teilchenamplitude y und der Schallintensität I in Abhängigkeit von der durchlaufenen Strecke d

etwas andere Darstellung. Piezoelektrische Empfänger sind Druckempfänger. Die

Echohöhe A ist proportional der am Oszillographen ankommenden Spannung bzw. der Schalldruckamplitude p_0 und letztere ist proportional der Teilchenamplitude y_0. Bildet man daher das Verhältnis A_n/A_{n+1}, der Höhen aufeinanderfolgender Echos, des n-ten und (n+1)-ten, so erhält man gemäß $\alpha = 20 \log A_n/A_{n+1}$ dB den Dämpfungskoeffizienten. Manchmal gibt man den Dämpfungskoeffizienten auch auf die Länge bezogen an.

Longitudinalwellen bewirken anschaulich ein Stauchen und anschließendes Dehnen von Volumenelementen, die letztlich aus Molekülen und Atomen bestehen. Wie beim Stauchen oder Dehnen eines Gummiwürfels erfolgt auch ein seitliches Ausweichen, ein Scheren, der das Volumenelement ausmachenden Bausteine. Dazu müssen Reibungskräfte überwunden werden, die der Schergeschwindigkeit und damit der Frequenz des Schalls proportional sind. Der dazu notwendige Energieanteil wird der Schallenergie entzogen. Die diesen Vorgang kennzeichnende Materialeigenschaft ist die Viskosität η oder Zähigkeit des betreffenden Mediums. Den entsprechenden Anteil α_v des Absorptionskoeffizienten berechnet man anhand der Beziehung $\alpha_v = 2\eta\omega^2/3\rho c^3$.

Kommt es zu einer ständigen Volumenänderung der Bauelemente, wie eben beschrieben, ist das auch mit ihrer Erwärmung verbunden. Der enge Kontakt dieser Elemente miteinander bewirkt, daß Wärme von Elementen höherer Temperatur zu Elementen niederer Temperatur übergeht. Streng genommen erfolgt der Durchgang von Schall durch einen Stoff nicht adiabatisch. Es findet eine Wärmeleitung, ein irreversibler Prozeß, statt. Die Energie wird der Schallenergie entzogen. Dadurch kommt es ebenso zu einer Dämpfung der Schallwelle, gekennzeichnet durch den Anteil α_w der Absorptionskonstanten. Mit den Anteilen α_v und α_w läßt sich die experimentell gefundene Ultraschalldämpfung z.B. in einatomigen Gasen (Edelgasen) und Flüssigkeiten (z.B. Quecksilberschmelze) hinlänglich gut beschreiben. In anderen Materialien gemessene Dämpfungskoeffizienten sind oft sogar um Zehnerpotenzen größer. Es muß daher in diesen Stoffen noch weitere Dämpfungsmechanismen geben, die ihre Ursachen im strukturellen Aufbau der Stoffe aus Molekülen, Kristallen und anderen Bauelementen haben.

Ein Gas besteht aus vielen gleichartigen Mokelülen. Ein Molekül wiederum setzt sich aus mehreren verschiedenartigen Atomen zusammen, die miteinander verbunden sind. Im Modell nimmt man an, daß deren Kopplung durch Spiralfedern erfolgt. Die Atome können so gegeneinander schwingen. Sie können auch um Achsen rotieren. Am Energieaustausch nehmen diese rotatorischen Bewegungen nur dann teil, wenn die Atome nicht auf einer Geraden angeordnet sind. Der Wärmeinhalt eines Moleküls verteilt sich im Mittel gleichmäßig auf alle Bewegungsmöglichkeiten. Bewegungsmöglichkeiten die, voneinander unabhängig, am Energieaustausch teilnehmen, nennt man innere Freiheitsgrade. Erwärmt man ein Gas oder führt ihm mittels Schall Energie zu, nehmen alle diese Freiheitsgrade

Energie auf, mit unterschiedlicher Geschwindigkeit und nicht gleichmäßig viel.
Mit der Zeit erfolgt eine Umverteilung der Energie auf alle inneren Freiheitsgrade,
wie es der Verteilung am Ausgangszustand entspricht. Ursprünglich erfolgte die
Energiezufuhr durch Schall infolge plötzlicher Kompression und Dilatation. Die
zugeführte Energie wird kurzzeitig erst in den Translationen der Volumenele-
mente, den äußeren Freiheitsgraden des Gases, gespeichert. Allmählich erst geht
die Energie aus den äußeren Freiheitsgraden durch einen *Relaxationsvorgang* in
die inneren Freiheitsgrade über. Im einzelnen sind die Prozesse differenzierter und
auch komplizierter. So sei z.B. darauf hingewiesen, daß die Frequenz des Schalls
eine wesentliche Rolle für die Übergangszeit der Energie aus dem System der
äußeren Freiheitsgrade in das System der inneren Freiheitsgrade der Moleküle
spielt. Diese Energie wird dem einfallenden Schall entzogen, es kommt zu einer
Dämpfung der Schallwelle.

In Flüssigkeiten bestimmt man α meist so, daß in verschiedenen Entfernungen x
vom Sender, z.B. der Schallwechseldruck p_- gemessen wird. Da p_- (s. auch Gl.
3.6) nach $p_-(x,t) = p_{0-}\ e^{i(t-x/c)}\ e^{-\alpha\,x}$ exponentiell abfällt, ist $\alpha = 1/x\ \ln p_0/p_-$. Weil
sich der Absorptionskoeffizient α sowohl als temperatur- als auch frequenzabhän-
gig erweist, ist das Verhalten der Dämpfung komplizierter als z.B. das der Geschwindigkeit. In Tab.3.3 sind einige Beispiele zusammengestellt, die zeigen, daß
auch zwischen Flüssigkeiten bzgl. α erhebliche Unterschiede auftreten. So ist
Wasser eine relativ schwach absorbierende Flüssigkeit. Bei 1 MHz ist für Wasser
$\alpha = 2,5 \times 10^{-2}$ m^{-1}, für Ameisensäure beträgt dagegen $\alpha = 2,3$ m^{-1}. Eine Schallwelle,
die in Ameisensäure längs der Strecke von 1 cm einen bestimmten Amplitudenab-
fall aufgrund von Energieverlusten verzeichnet, wird somit die gleiche Amplitudenabnahme in Wasser nach einem zurückgelegten Weg von 1 m erleiden.

Diese starken Differenzen haben physikalische Ursachen. Die Ursachen kann man
im wesentlichen in drei Gruppen zusammenfassen. Zur ersten Gruppe gehören
jene Flüssigkeiten, die „klassische Absorption" infolge der inneren Reibung (Vis-

Tabelle 3.3: Schallabsorption in ausgewählten Flüssigkeiten

Flüssigkeit	a/f² bei 20 °C in 10^{-15} m^{-1}s^2	Schallfrequenz f in MHz
Quecksilber	6,2	20
Wasser	25	10
Ethylbenzin	56	1
Cyclohexanon	73	2
Benzin	900	10
Ameisensäure	2 300	4

kosität) und Wärmeleitung zeigen (z.B. Quecksilber). Die Schallenergie wird in
der Hauptsache in Wärmeenergie umgewandelt. Kommt als weitere Ursache ein

Energieverbrauch für molekulare Umlagerungen hinzu, ordnet man diese Flüssigkeiten (z.B. Cyclohexanon) in eine zweite Gruppe ein. Die Absorptionskoeffizienten sind wesentlich größer als „klassisch" zu erwarten, man beobachtet Relaxation. Gibt es als energieumsetzende Prozesse noch Ordnungsprozesse in Flüssigkeiten (starke Assoziation der Moleküle), faßt man diese Flüssigkeiten in einer dritten Gruppe zusammen (z.B. Wasser). Die Lehre, die sich mit der Übertragung der Schallenergie durch Moleküle befaßt, ist die Molekularakustik.

Die Kenntnis der Absorptionkoeffizienten von Flüssigkeiten, insbesondere deren Temperaturabhängigkeit, ist für viele Fragestellungen und Anwendungen notwendig. Sucht man nach geeigneten Koppelmedien von Schallwandler und Objekt, wählt man schwach absorbierende Substanzen aus. Braucht man einen Absorber, einen „Schallschlucker", bevorzugt man stark absorbierende Flüssigkeiten. Auf S. 26 wurde der reelle Schallwellenwiderstand $Z_r = \rho c$ definiert. Nachdem wir nun das zweite Merkmal der Schallausbreitung, die Dämpfung, kennengelernt haben, müssen wir dies in der Berechnungsformel für Z_r berücksichtigen. Das realisiert man durch Hinzufügung eines imaginären Summanden $Z_k = Z_r + i\, Z_i$, analog wie in der Elektrotechnik. Z_k heißt komplexer Schallwellenwiderstand und hat die Eigenschaft einer Materialkonstanten für das Medium. Seine Kenntnis ist notwendig, wenn der Schall mehrere unterschiedliche Medien durchläuft. Anhand von Z_k bestimmt man das Reflexionsvermögen oder die Durchlässigkeit für Schall. So ist beim senkrechten Einfall einer Schallwelle auf die Grenzfläche zweier Medien (r = 1;2 und Schalleinfall vom Medium 1 her) das Reflexionsvermögen R (Verhältnis von reflektierter zu einfallender Schallintensität)

$$R = (\, Z_2 - Z_1 / Z_1 + Z_2)^2, \text{ mit } Z_1 = \rho c_1 \text{ und } Z_2 = \rho c_2.$$

Die Summe aus reflektierter und durchgehender Schallenergie bleibt erhalten, deshalb gilt für den Durchlässigkeitskoeffizienten D = 1-R. In Tab. 3.4 sind Wellenwiderstände von Feststoffen, Flüssigkeiten und Gasen zusammengestellt. Ein Vergleich ergibt, daß der Schallwellenwiderstand von Festkörpern größer ist als der von Flüssigkeiten, weil deren Dichte und Longitudinalwellengeschwindigkeit

Tabelle 3.4: Schallwellenwiderstand Z_r bei Normaldruck und T = 20 °C von Longitudinalwellen

Medium	Schallwellenwiderstand Z_r in kg m^{-2} s^{-1} 10^{-3}	Medium	Schallwellenwiderstand Z_r in kg m^{-2} s^{-1} 10^{-3}
Wasser	1480	Aluminium	17300
Benzol	1160	Kupfer	42500
Pentan	1460	Stahl, rostfrei	45700
Äthylalkohol	916	Luft	0,429
Quecksilber	19600	Plexiglas	3160

c_L größer sind. Der von Gasen liegt erheblich darunter. Kehren wir mit diesen Erkenntnissen zurück zur Definition des Reflexionskoeffizienten R. Ist Z_2 sehr groß gegenüber Z_1 (z.B. wenn das Medium 2 eine Flüssigkeit bzw. Festkörper und das Medium 1 Luft ist), dann gilt $R \approx 1$, $D \approx 0$. Sämtliche auftreffende Schallintensität wird reflektiert. Gleiches gilt für den umgekehrten Fall. Nicht so einfach ist es, wenn man das Schalldurchgangsverhalten durch verschiedene Flüssigkeiten und angrenzende Festkörper oder sogar Mehrschichtsysteme betrachtet. An der Grenze Wasser/Stahl beträgt der Reflexionsgrad von Schallwellen 88 %, an der Grenze Wasser/Polystyren dagegen nur etwa 5 %. Die Kenntnis des Schalldurchgangsverhaltens ist entscheidend bei der Schallisolation, bei der Ankopplung von Schallwandlern, der Erzeugung verschiedener Wellenarten im Festkörper u.a. Deshalb muß der Schallwellenwiderstand im einzelnen genau bekannt sein.

Der große Unterschied der Schallwellenwiderstände von Flüssigkeiten bzw. Festkörpern und Gasen führt dazu, daß bei gleicher Schallintensität in Gasen ein erheblich niedrigerer Schalldruck auftritt, denn es gilt

$$p_{Gas} / p_{Flüss} = \rho_G c_G / \rho_{Fl} c_{Fl}.$$

Für den Übergang Luft / Wasser ist dieses Verhältnis etwa 1/60.

Festkörper zeigen im Vergleich zu Gasen und Flüssigkeiten ein wesentlich komplexeres Dämpfungsverhalten. Zu den bereits bekannten Absorptionseffekten kommt eine Reihe weiterer hinzu. So beruht die Streuung von Schall in Festkörpern darauf, daß diese nicht homogen sind. Es gibt eine Vielzahl von Grenzflächen, hervorgerufen durch Inhomogenitäten, Fremdstoffeinschlüsse und Poren, die sich alle durch unterschiedliche Wellenwiderstände auszeichnen. Der Schallwellenwiderstand Z_k ändert sich, es kommt zu Reflexionen in alle möglichen Richtungen. Das ist auch der Fall, wenn nur eine einzige Kristallart vorliegt und der Kristall anisotrop ist bzw. wenn in polykristallinen Stoffen Körner regellos durcheinander liegen. Die elastische Anisotropie ist bei polykristallinen Stoffen, Plasten und Metallen die Regel. Auch reale Kristalle weisen immer Kristallbaufehler auf, z.B. Punktdefekte (fremde Atome auf Gitter- oder Zwischengitterplätzen, Kohlenstoff im Eisen) und Liniendefekte (Schrauben- und Stufenversetzungen). Durch Schallenergie angeregt können Punktdefekte Platzwechsel vornehmen oder Liniendefekte bei bestimmten Frequenzen wie Saiten schwingen. Unter Umständen brechen die Liniendefekte auf, es entstehen z.B. zwei kürzere neu. In beiden Fällen wird dem Schall Energie entzogen.

Ausgeprägt kann man bei Kunststoffen ähnlich wie bei Gasen und Flüssigkeiten Relaxationsvorgänge (thermische, elastische, strukturelle) beobachten. Nur sind diese häufig viel komplizierter, weil meistens gleichzeitig mehrere Relaxationsvorgänge ablaufen. In jedem Fall verzehren sie Schallenergie.

Für die Absorption in Festkörpern sind viele verschiedene Prozesse verantwortlich. Strukturelle Änderungen, Phasenumwandlungen, wie sie z.B. im Eisen bei etwa 700 bis 800 °C (α-γ-Umwandlung) auftreten, bewirken ein deutliches Maximum der Ultraschalldämpfung, ebenso Relaxationsprozesse, wie sie in kohlenstoffhaltigen Stählen im Temperaturbereich zwischen 300 und 400 °C auftreten. In diesem Bereich beginnen, in Abhängigkeit von der Ultraschallfrequenz, die Kohlenstoffatome, die sich auf Zwischengitterplätzen befinden, sich auf andere Gitterplätze zu bewegen (*Snoek-Effekt*). Die schwingenden Linienversetzungen wechselwirken mit den periodischen mechanischen Spannungen, die von der Ultraschallwelle erzeugt werden, sie zerbrechen.

Aus der Dämpfung lassen sich Hinweise auf Materialermüdungserscheinungen ziehen. Die zeitlich periodischen mechanischen Spannungen sind meist nicht genau in Phase mit den durch sie selbst erzeugten periodischen Dehnungen. Es treten Energieverluste auf. Diese werden für irreversible Prozesse aufgewandt, in Wärme umgewandelt, für die Änderung der Realstruktur verwendet.

Im einzelnen sind die Energieverluste stark frequenzabhängig. Abb. 22 zeigt ein typisches Dämpfungsspektrum. Bei Hyperschallfrequenzen kommt es zu einer Wechselwirkung mit den thermischen Gitterschwingungen (PPW). Auch die Wechselwirkung des Kristallgitters mit den Elektronen schwächt den Schall. Das Kristallgitter führt bei Einfall einer Schallwelle Schwingungen durch. Die Gitterbausteine im leitenden Kristall sind positiv geladen, ihnen versuchen die Elektronen in einem Relaxationsvorgang zu folgen. Auch das kostet Schallenergie.

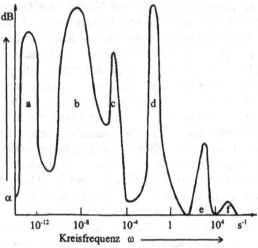

Abb. 22 Charakteristische Frequenzabhängigkeit der Ultra - schalldämpfung α im Festkörper (schematisch). Den sechs Bereichen entsprechen folgende Dämpfungsmechanismen:
a) Umordnung von Paaren gelöster Atome in Mischkristallen
b) Korngrenzenfließen
c) Verschieben von Zwillingsgrenzen
d) Bewegung von Zwischengitteratomen
e) Wärmeleitung innerhalb der Kristallite
f) Wärmeströme zwischen den Kristalliten

Absorption und Streuung behindern beide die Werkstoffprüfung. Absorption schwächt die einfallende Energie, das Echo eines Fehlers und das der Rückwand. Dem kann man begegnen, indem man mit höherer Senderspannung und Verstärkung arbeitet oder zu niedrigeren Frequenzen ausweicht. Die Streuung ist aber wesentlich unangenehmer. Sie verringert nicht nur die Energie der Echos von Fehler und Rückwand, sondern schafft zudem noch zusätzliche, i. allg. unkontrollierbare Echos. So kann es passieren, daß gewünschte Echos im „Gras" oder „Rauschen" der anderen Echos untergehen. Ein Ausweichen nach tieferen Frequenzen setzt dann gleichzeitig der Nachweisbarkeit kleinerer Fehler Grenzen.

3.5 Dopplereffekt

Beim Schall beobachtet man eine höhere Frequenz, als sie die Quelle erzeugt, wenn sich Quelle und Beobachter einander nähern. Die wahrgenommene Frequenz ist tiefer als die des Senders, wenn sich Quelle und Beobachter voneinander entfernen. Diese Erscheinung heißt mechanischer *Dopplereffekt*. Auffallend ist sie z.B. bei Rundfunkübertragungen von Autorennen. Das Mikrofon ist ruhender Beobachter und der Motor der Sender. Da meist die Mikrofone an der Fahrbahn stehen, kann man deutlich an der ansteigenden Frequenz das sich nähernde Auto hören. Beim unmittelbaren Vorbeifahren des Autos am Mikrofon kommt es neben einem „lauter" Werden zu einem starken *Frequenzsprung* zu tiefen Frequenzen mit einem anschließenden „leiser" Werden. Ähnliches kann man beobachten, wenn zwei Züge aneinander vorbeifahren. Bei den auftretenden Frequenzänderungen hat man zu unterscheiden, ob die Schallquelle ruht oder nicht. Ruht die Quelle und bewegt sich der Beobachter mit einer Geschwindigkeit u auf die Schallquelle zu, die mit der Frequenz f sendet, dann treffen in der Zeiteinheit am Empfänger (Ohr, Mikrofon) nicht nur jene Wellen ein, die er wahrnimmt, wenn er am Ort bliebe. Er kreuzt gewissermaßen durch seine eigene Bewegung noch weitere Wellenzüge und nimmt daher eine höhere Frequenz wahr. Die Relativgeschwindigkeit c' beim Annähern an die Quelle beträgt $c' = c + u$ bzw. beim Wegbewegen $c' = c - u$. Die Wellenlänge des Schalls bleibt konstant, aber der Empfänger registriert in der Zeiteinheit eine andere Frequenz f', sie beträgt

$$f' = c'/\lambda = f\,(1 \pm u/c).$$

Die Schallgeschwindigkeit ist immer positiv. Bewegt sich der Beobachter in Richtung der Schallausbreitung, d.h. in Richtung der Phasengeschwindigkeit, wählt man u positiv. Bei entgegengesetzter Bewegungsrichtung, in Richtung auf die Quelle zu, ist u dann negativ einzusetzen. Die wahrgenommene Frequenz ist somit größer als die Sendefrequenz.

Die Formel beinhaltet auch den Fall, daß sich Beobachter und Schallquelle gleich schnell in derselben Richtung bewegen. Die Frequenz f' wird Null, am Empfänger ergibt sich kein Signal.

Existiert zwischen der Bewegungsrichtung des Beobachters und der Richtung der Schallausbreitung ein Winkel δ, muß f' noch mit cosδ multipliziert werden.

Wird der Sender mit der Geschwindigkeit w bewegt, und nimmt man an, daß der Beobachter ruht, dann läuft gewissermaßen die Quelle ihren ausgesandten Signalen hinterher. Der Abstand der Wellenberge voneinander, die Wellenlänge λ, verkleinert sich, je Schwingungsdauer T um wT zu λ' = λ - wT, wie es in Abb. 23 zu sehen ist. Der Sender „schiebt" seine vor ihm weglaufenden Wellen zusammen. Da die Schallgeschwindigkeit konstant ist, erhöht sich die Frequenz. Hinter sich dehnt der Sender gewissermaßen die ausgesandten Wellen, vergrößert demnach die Wellenlänge zu λ' = λ + wT pro Schwingungsdauer, die Frequenz wird erniedrigt. Das gesamte Wellenfeld wird somit deformiert. Der Beobachter emp-

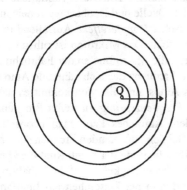

Abb. 23 „Verformung" von Wellen bei bewegtem Schallsender

fängt die Frequenz f' = c/λ' = f /(1 ± w/c), wobei für den ersten Fall das negative, für den zweiten Fall das positive Vorzeichen gilt. In beiden Fällen steht das obere Vorzeichen für die Zunahme des gegenseitigen Abstandes und das untere für dessen Abnahme. Entfernt sich die Quelle mit w = -c vom Beobachter, dann empfängt dieser die Frequenz f' = f/2; nähert er sich mit der Geschwindigkeit w = c, nimmt die zu empfangende Frequenz unendliche Werte an (f'→ ∞). Bewegen sich Quelle und Beobachter relativ zueinander, gilt

$$f' = f(1+u/c)/(1-w/c). \qquad (3.8)$$

3.6 Molekularakustik

Molekularakustik ist die Lehre vom Mechanismus der Übertragung von Schallenergie durch Moleküle. Gegenstand der Untersuchung sind vor allem Flüssigkeiten und Gase, weil diese vornehmlich durch die Eigenschaften des Einzelmoleküls geprägt werden. Natürlich ist die Schallausbreitung auch im Festkörper durch die atomaren Zusammenhänge bedingt. Die Beschreibung ist aber dort wesentlich komplizierter. Durch die anfangs gegebene Definition wird die Molekularakustik im wesentlichen auf die Diskussion von Besonderheiten der Schallgeschwindigkeit und Schallabsorption eingeschränkt. Man beschränkt sich auf die Ausbreitung von Wellen mit geringer Schwingungsamplitude ihrer Teilchen.

Zwei Zielstellungen stehen im Vordergrund. Es wird der Wert der Schallparameter bestimmt und versucht, Zusammenhänge zwischen ihnen und der Struktur der Stoffe herzustellen. Dazu dient vor allem die Messung der Schallgeschwindigkeit. Ferner können durch Einwirkung von Ultraschall auf die Untersuchungssysteme molekulare Umlagerungen hervorgerufen werden. Aus deren Nachweis kann über eine Modellbildung und dessen Prüfung indirekt auf den Aufbau der Moleküle geschlossen werden. Man muß dazu vor allem die Schallabsorption in Abhängigkeit von der Frequenz messen.

Die Ausbreitung von Ultraschall erfolgt im wesentlichen adiabatisch, d.h., es kommt nicht zu einem Wärmeaustausch mit angrenzenden Teilchen. Die Gleichung für die Geschwindigkeit longitudinaler Schallwellen in Flüssigkeiten muß also genauer heißen $c^2_{ad} = 1/\rho\beta_{ad}$. Der Index ad kennzeichnet die Meßbedingung. Isotherm und adiabatisch gemessene Schallgeschwindigkeiten sind durch die Relation $(c_{ad}/c_{iso})^2 = \beta_{iso}/\beta_{ad} = \kappa$ miteinander gekoppelt. Der Index iso kennzeichnet die isotherme Meßbedingung und κ ist der Adiabatenexponent, der - wie bereits erwähnt - durch das Verhältnis der spezifischen Wärmen definiert ist.

Aus der Schallgeschwindigkeit kann man thermodynamische Parameter bestimmen. Deren Größe ist letztlich durch die Struktur der Moleküle bestimmt, wie es die molekularkinetische Theorie postuliert. Abb. 24a) weist auf einen funktionellen Zusammenhang zwischen Molekularstruktur und Schallgeschwindigkeit hin, es ist die Schallgeschwindigkeit ausgewählter homologer Reihen aufgetragen, bei denen sich nur die Anzahl n_c der CH_2-Glieder in der Kette ändert. Man kann eindeutige Zusammenhänge innerhalb einer Reihe feststellen. Die Schallgeschwindigkeit steigt mit der Zunahme der Kettenlänge. Auch der Einbau von Atomen oder von Atomgruppen unterschiedlicher Polarität oder die Variation der Größe von ringförmigen Kohlenwasserstoffen ändern die Schallgeschwindigkeit.

Elektrolytlösungen sind eine wichtige flüssige Stoffklasse. Erinnert sei an Autobatterien, an die Kaliindustrie mit ihren Verarbeitungsstufen oder an menschliche

Zellflüssigkeit. Hier gibt die Schallgeschwindigkeit, gemessen als Funktion von Temperatur und Molarität (Stoffmenge n des gelösten Stoffes/Volumen V der Lösung), Auskunft über Ionengröße und Solvatationsverhalten. Solvatation ist das Anlagern des Lösungsmittels an das Ion. Die Größe der entstehenden Solvathülle ist für viele Eigenschaften der Elektrolytlösung entscheidend. Abb. 24b) zeigt die Schallgeschwindigkeit in wäßrigen Lösungen von Ammoniumsulfat.

Viele experimentelle Arbeiten berichten über die Abhängigkeit der Schallgeschwindigkeit von den Konzentrationen der einzelnen Komponenten in Mischungen. Nur selten ist die Abhängigkeit linear, oft findet man eine Kurvenform wie in Abb. 24b). Es ist nicht einfach, dieses Verhalten zu erläutern. Ursachen für entstehende Extrema sind das Auftreten oder die Ausbildung von Komplexen, d.h. von Zusammenlagerungen einer Molekülsorte, sich ändernden Wechselwirkungen oder Diffusionserscheinungen. In Flüssigkeitsgemischen treten oft sog. Mischungslücken auf. In diesen Gebieten zeigt die Schallgeschwindigkeit markante Änderungen mit der Konzentration, und ihre Kenntnis ist deshalb sehr interessant. Geht man von einfachen niedermolekularen Flüssigkeitssystemen zu komplizier-

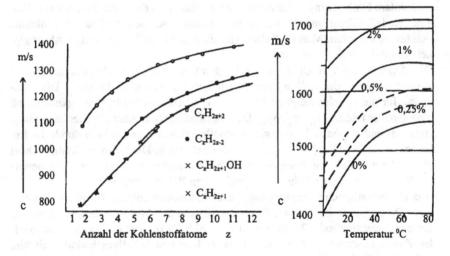

Abb. 24a) Schallgeschwindigkeit als Funktion der Anzahl der Kohlenwasserstoffe in der CH_2-Kette

Abb. 24b) Schallgeschwindigkeit in wässrigen Lösungen von Ammoniumsulfat $(NH_4)_2SO_4$ in Abhängigkeit von der Temperatur. Parameter ist die Konzentration von Ammoniumsulfat im Wasser angegeben in %

teren über, z.B. zu Emulsionen, Suspensionen oder Polymerlösungen, wird die Interpretation der Meßdaten schwieriger. Die Schallgeschwindigkeit hängt beispielsweise von der Konzentration der emulgierten oder suspendierten Kompo-

nente ab. In Polymerlösungen sind die relative Molekülmasse, die Löslichkeit des Polymers im Lösungsmittel, die sterische Anordnung im Makromolekül und anderes für den Wert der Schallgeschwindigkeit verantwortlich.
Eine zweite Quelle für die Klärung von Molekülstrukturen ist die Messung der Ultraschalldämpfung in Abhängigkeit von Temperatur, Frequenz u.a. Parametern. In den Kapiteln 3.4.4 und 3.4.6 wurde bereits einiges darüber berichtet.
In Flüssigkeiten wird die Absorption α durch die Viskosität η (Anteil α_v), Wärmeleitung (Anteil α_w) und Relaxationsprozesse (Anteil α_{Relax}) bestimmt. Es gilt

$$\alpha = \omega^2/\rho c^3 \, [2/3 \; \eta + (\kappa-1)/c_p]k + \alpha_{Relax} \,.$$

Der erste Term repräsentiert den Energieverlust der Schallwelle durch Reibung (s. Seite 46). Der zweite Anteil widerspiegelt die Verluste infolge Wärmeleitung (κ

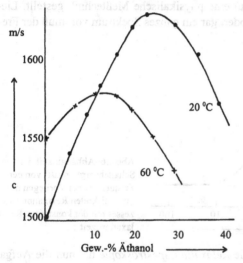

Abb. 25 Schallgeschwindigkeit in einer Wasser-Alkoholmischung in Abhängigkeit vom Alkoholgehalt, angegeben in Masseprozenten, Parameter ist die Temperatur

ist der Koeffizient der Wärmeleitung). Da für Flüssigkeiten κ etwa 1 ist, kann dieser Anteil vernachlässigt werden. Der für die Molekularakustik interessante Anteil ist der Relaxationsterm α_{Relax}. Er entspricht der Energie, die der Schallwelle entzogen wird, weil sich die molekularen Bausteine auf die durch die Schallwelle von außen eingeprägte Störung verzögert einstellen. Bei molekularen Umordnungen, die vom Frequenzbereich des Ultraschalls erfaßt werden, dominiert dieser Verlustanteil. Fehlt dieser, dann ist α oder praktischerweise α/f^2 wesentlich durch die Viskosität bestimmt und frequenzunabhängig bzw. frequenzkonstant. Tatsächlich erfüllen diese Bedingungen nur einige einatomige Flüssigkeiten. Sonst ist der Absolutwert von α viel größer als der allein aus der Viskosität berechnete.

Ferner ändert sich α/f^2 auch mit der Frequenz. Beides wird durch verschiedene *Relaxationsprozesse* hervorgerufen, z.B. durch thermische Relaxation, viskose Relaxation, Schwingungsrelaxation u.a. Liegt nur ein einfacher Relaxationsprozeß vor, gilt

$$\alpha/f^2 = A/[1 +(\omega\tau)^2] + B, \qquad (3.9)$$

wobei A und B Konstanten sind; τ ist die Relaxationszeit, die mit der Relaxationsfrequenz f_r über $\tau = 1/2\pi f_r$ zusammenhängt, stellt also die für die molekulare Umlagerung charakteristische Zeit dar. Sie wird kurz sein, wenn sich kleine Molekülgruppen umlagern. In Abb. 26 ist die Beziehung (3.9) graphisch dargestellt. Interessant ist es dabei, daß ein Frequenzbereich von zwei Zehnerpotenzen (Dekaden) notwendig ist, um den diskreten Relaxationsprozeß zu erfassen.

Damit sind Grundanforderungen an eine physikalische Meßtechnik gestellt. Liegen mehrere Relaxationsprozesse oder gar ein ganzes Spektrum vor, muß der Fre-

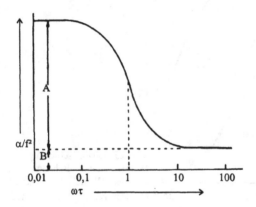

Abb. 26 Abhängigkeit der Schallabsorption α/f^2 von der Frequenz ω bei Vorliegen nur eines diskreten Relaxationsprozesses mit der konstanten Relaxationszeit τ

quenzbereich noch größer sein. Die *Relaxationsspektroskopie* hat nun die Aufgabe, Relaxationsprozesse aufzuspüren und sie molekularkinetisch zu deuten.

Einfachstes Beispiel ist die sog. Rotationsisomerie. Man kann sich diese an einem Aldehyd, z.B. Acrolein, verdeutlichen (Abb. 27). Die Aldehydgruppe CHO kann um die zentrale C-C-Bindung rotieren, ohne daß sich der physikalisch-chemische Charakter der Substanz sonderlich ändert. Für die in Abb. 27 vorliegende Substanz beobachtet man bei 273 K eine Relaxationsfrequenz von $f_r = 1/(2\pi\tau)$ von 80 MHz. Bei sog. assoziierten Flüssigkeiten treten Komplexe auf. Hierbei existieren Gleichgewichte zwischen Monomeren und Dimeren. Eine Ultraschallwelle stört dieses Gleichgewicht. Bekanntester Vertreter der Gruppe ist die Essigsäure. Die Relaxationsfrequenz des Monomer-Dimer-Gleichgewichts liegt bei 550 MHz (Temperatur 293 K). Bei Polymerlösungen werden Absorptions-Frequenzkurven

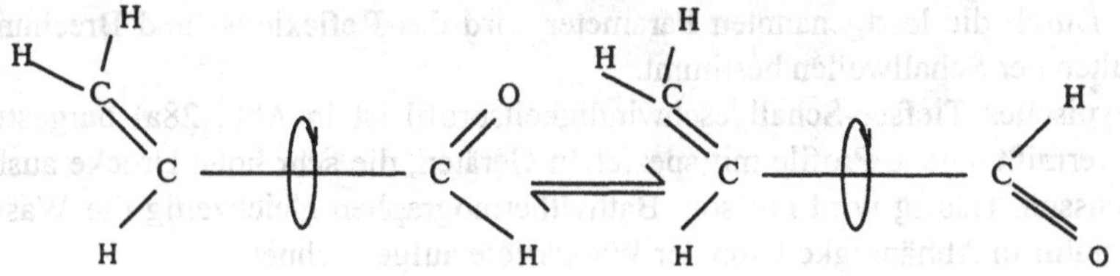

Abb. 27 Rotationsisomerie am Beispiel des Acrolein

(Abb. 26) erhalten, die von diskreten Prozessen entsprechend Gl. (3.9) bis zu komplizierten Verläufen reichen, wie sie bei einem Spektrum von Relaxationszeiten entstehen. Ein Ziel der Molekularakustik ist es, aus den erhaltenen Relaxationsfrequenzen oder Spektren auf einen konkreten Bewegungsvorgang und damit auf konkrete Strukturen zu schließen. Zur Bestätigung eines angenommenen Modells muß man dabei immer auf einen Vergleich mit anderen Methoden zurückgreifen. Andererseits gibt es trotz vieler Versuche heute noch keine zufriedenstellende allgemeine molekularkinetische Theorie, ein Zeichen für die Kompliziertheit der Aufgabenstellung und gleichzeitig ein Anreiz für viele Forscher.
Die Molekularakustik beschränkt sich nicht allein auf die Untersuchung von Flüssigkeiten, sondern beschäftigt sich auch mit Festkörpern und Gasen. Am Beispiel von Flüssigkeiten ist sie hier nur exemplarisch dargestellt worden.

3.7 Hydroakustik

Elektromagnetische Wellen erfahren beim Eindringen in Wasser eine sehr starke Absorption. Sie sind deshalb für eine Nachrichtenübertragung und Ortung unter Wasser ungeeignet. Schallwellen hingegen breiten sich im Wasser mit vergleichsweise sehr geringen Absorptionsverlusten, besonders im niederfrequenten Bereich, aus (bei 100 kHz etwa 10^{-3} dB/km). Das wird vor allem ausgenutzt bei der Unterwasserkommunikation und -ortung über große Entfernungen. Es ist einleuchtend, daß dies enorme Bedeutung für zivile wie auch für militärische Zwecke (z.B. U-Boot-Ortung, Verfolgung von Raketen unter Wasser) hat. Hätte man 1912 einen Entwicklungsstand der Unterwasserortung mit Ultraschall gehabt wie heute, wäre das Unglück der Titanic sicherlich nicht geschehen. Der Eisberg wäre durch Ultraschallechos viel früher entdeckt worden.

Entscheidende Größen für eine Schallausbreitung unter Wasser (im Meer) sind die Schallgeschwindigkeit und -absorption, die Abhängigkeit dieser Schalleigenschaften vom Salzgehalt, der Wassertiefe (dem hydrostatischen Druck) und der Temperatur. Durch die letztgenannten Parameter wird das Reflexions- und Brechungsverhalten der Schallwellen bestimmt.

Ein typisches Tiefsee-Schallgeschwindigkeitsprofil ist in Abb. 28a) dargestellt. Man vermißt solche Profile mit speziellen Geräten, die sehr hohe Drucke aushalten müssen. Häufig wird mit sog. Bathylthermographen gleichzeitig die Wassertemperatur in Abhängigkeit von der Wassertiefe aufgezeichnet.

Das in Abb. 28a) gezeigte Profil läßt sich in mehrere Schichten unterteilen, die deutlich voneinander unterschiedliche Eigenschaften haben. Direkt unter der Meeresoberfläche befindet sich die Oberflächenschicht. Diese kann z.B. durch Sturm und Seegang starken Schwankungen unterworfen sein, auch Meeresströmungen beeinflussen sie. Unterhalb der Oberflächenschicht existiert eine Schicht mit jahreszeitabhängigen Temperaturgefällen. Ihr Kennzeichen ist es, daß sie einen negativen Temperaturgradienten hat, d.h. die Schallgeschwindigkeit nimmt mit zu-

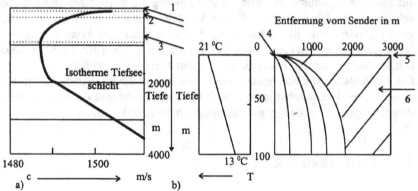

Abb. 28 Tiefsee-Schallgeschwindigkeitsprofil (qualitativ) a) und akustische Schattenzone nach Schallbrechung infolge eines stark negativen Temperaturgradienten b): 1 Oberflächenschicht; 2 Schicht mit zeitabhängigem Temperaturgradienten; 3 Schicht mit größerem Gradienten; 4 Schallsender; 5 Wasseroberfläche; 6 akustische Schattenzone

nehmender Tiefe ab. Der Gradient ändert sich mit der Jahreszeit. Darunter befindet sich eine Schicht mit dem größten Temperaturgradienten, die nur sehr geringen jahreszeitlichen Schwankungen unterworfen ist. Die starke Schallgeschwindigkeitsänderung innerhalb dieser Schicht kommt durch die große Temperaturdifferenz zwischen ihrer oberen und unteren Grenze zustande. Als unterste Schicht schließt sich die isotherme Tiefseeschicht an. Sie reicht bis zum Meeresboden und hat eine Temperatur von etwa 4 °C. Wasser hat dann seine größte Dichte und sinkt deshalb nach unten. Der Anstieg der Schallgeschwindigkeit beruht jetzt vor allem auf der Wirkung der hydrostatischen Druckzunahme bis zum Meeresboden hin. Zwischen der letzten und vorletzten Schicht befindet sich ein Schallgeschwindigkeitsminimum. In dieser Tiefe wird die Ausbreitung von Wasserschall durch die Brechung derart verändert, daß eine horizontale Schallübertragung über sehr große Entfernungen wie durch einen „Kanal" möglich ist.

Bei der Schallausbreitung in Wasser nimmt die Schallintensität zunächst infolge der Geometrie ab. Wesentlich ist aber auch die Schallabsorption durch das salzige Meerwasser selbst, zu der die Ionen im Wasser, der Meeresboden, Streueffekte an der Meeresoberfläche u.a. beitragen. Angenähert steigt die Dämpfung quadratisch mit der Frequenz. Erfahrungswerte besagen, daß bei 1 MHz die Absorption etwa 10^{-1} dB/km beträgt. Gerade bei niedrigeren Frequenzen tritt eine Abweichung von der quadratischen Frequenzabhängigkeit auf. Trotzdem ist die Dämpfung bei niedrigen Frequenzen (im kHz-Bereich) sehr gering.

Neben der Absorption wird die Schallausbreitung im Meer auch stark durch Reflexionsvorgänge beeinflußt. Diese sind an der Wasseroberfläche möglich. Ist sie uneben, treten bei der Reflexion Verluste auf. Die auftretenden Verluste sind unter sonst gleichen Bedingungen geringer, wenn das Verhältnis von Wellenlänge des Schalls λ zur Oberflächenrauhigkeit groß wird. Das bedeutet, daß bei niedrigen Frequenzen die Wasseroberfläche wie ein idealer Reflektor wirkt. Für die Verständigung der Wale ein bedeutsamer Effekt. Weiter treten Reflexionsverluste am Meeresboden auf, weil immer ein Teil der Energie in diesen hineingeht. Die Verhältnisse dort sind oft recht kompliziert, wegen der unterschiedlichen Materialien, auftretender Schicht- und Gebirgsstrukturen, Inhomogenitäten usw. Eine Abschätzung ist nicht ohne weiteres möglich. Auch infolge der Tiefen- oder Temperaturgradienten der Schallgeschwindigkeit kommt es zu Reflexionen und zur Brechung. In Abb. 28b) ist dies für den Fall eines stark negativen Temperaturgra-

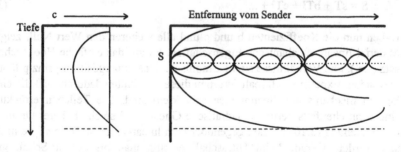

Abb. 29 Schallübertragung für den Fall, daß der Sender (für verschiedene Frequenzen) in einer Tiefe angeordnet wird, in der die Schallgeschwindigkeit c ein Minimum besitzt

dienten dargestellt. In die sog. akustische Schattenzone fällt kaum Energie. Ordnet man den Schallsender in einer Tiefe der minimalen Schallgeschwindigkeit an, so erzielt man eine Schallübertragung über extrem große Entfernungen (Abb. 29). Ganz allgemein betrachtet, hängt die Unterwasser-Schallausbreitung von der Tauchtiefe des Senders und dem von der Meeresoberfläche zum Meeresboden hin verlaufenden Schallgeschwindigkeitsprofil ab. Letzterem sind deshalb umfangreiche Untersuchungen in aller Welt gewidmet.

3.8   Nichtlineare Erscheinungen

Bisher wurde angenommen, daß für die Ausbreitung des Schalls die Beziehung zwischen Teilchenauslenkung und rücktreibender Kraft $F = -ky$ oder Dehnung und Spannung $T_i = c_{ij}S_j$ lineare Beziehungen sind. Exakt gilt das aber nur, wenn die Schallamplituden verschwindend klein sind. Diese Bedingung ist in der Regel im Hörschallbereich als auch in weiten Teilen des Ultraschalls erfüllt. Allerdings gibt es Effekte, die mit diesen Annahmen nicht erklärt werden können. An einigen Textstellen wurden deshalb besondere Bemerkungen angebracht. Ursache dafür sind sogenannte *Nichtlinearitäten*. Von nichtlinearen Eigenschaften eines Stoffes spricht man, wenn jene die entsprechende Eigenschaft (z.B. die Deformation S_i) beschreibende Stoffgröße (z.B. die elastische Nachgiebigkeit s_{ij} oder Steifigkeit c_{ij}) von der äußeren Einwirkung (z.B. der mechanischen Spannung T_j) selbst abhängt: $s_{ij} = s_{ij}(T_j)$. Lassen wir daher eine äußere mechanische Spannung T auf einen Stoff oder einen Festkörper einwirken, dann reagiert dieser mit einer Deformation S darauf. Allgemein gilt :

$$S = sT + bT^2 + cT^3 + ... \qquad (3.10)$$

Haben nun die Koeffizienten b und c und alle weiteren den Wert Null, zeigt das Material lineare mechanische Eigenschaften. Es gilt das einfache Hookesche Gesetz (s.o.). Die Verhältnisse sind harmonisch. Das Superpositionsprinzip läßt sich anwenden. Experimentell realisiert man dieses Verhalten dadurch, daß die einwirkenden mechanischen Spannungen sehr klein sind. Die Teilchenverrückungen sind dann ebenfalls gering. Quadratische Glieder und solche höherer Ordnung in der Beziehung (3.10) können gegenüber dem linearen ersten Term sT vernachlässigt werden. Gerade beim Ultraschall erzeugt man oft gezielt Schall großer Amplituden, so daß es zum Auftreten nichtlinearer Erscheinungen kommt. Die Verrückungen der Teilchen sind nicht mehr klein und proportional der angreifenden Kraft. Man beobachtet daher z.B. bei der nichtlinearen Überlagerung von zwei

Ultraschallwellen mit den Frequenzen f_1 und f_2 auch resultierende Wellen der Frequenzen f_1+f_2 und f_1-f_2. Ein in der Hörakustik bekanntes Phänomen, daß man bei der Überlagerung von zwei Tönen Kombinationstöne ($n_1f_1 \pm n_2f_2$, wobei n_1 und n_2 positive oder negative ganze Zahlen sind) hört. Ist $f_1=f_2$, erhält man höhere Harmonische. Ihre Frequenzen sind ganzzahlige Vielfache der Ausgangsfrequenz. Nichtlinearitäten bewirken das Entstehen von Wellen der doppelten und dreifachen Frequenz, d.h. von höheren Harmonischen. Die spektrale Zusammensetzung der Welle ändert sich. Ursache dafür ist die im Laufe des Ausbreitungsprozesses erfolgende „Verzerrung" der ursprünglich sinusförmigen Welle.

Charakteristische „Verzerrungen" der ursprünglich sinusförmigen Welle können auch zu Stoßwellen führen. Geht man davon aus, daß im nichtlinearen Fall die Teilchen einer Welle mit endlicher Amplitude schwingen, gilt z.B. die Gleichung für die Geschwindigkeit transversaler Ultraschallwellen in isotropen Materialien $c^2 = G/\rho$ nicht mehr exakt. Eine Schallwelle „moduliert" in gewissem Sinne das Material, seine Dichte ist nicht mehr konstant. Man hat es eigentlich mit einer momentanen Dichte, einem momentanen Druck und einer momentanen Schallschnelle zu tun. Das aber hat zur Folge, daß sich Schwingungsphasen mit geringer Dichte oder großer momentanen Schnelle rascher ausbreiten als solche kleinerer Schnelle. Die lokale Phasengeschwindigkeit $c \pm v$ der Teilchen einer Longitudinalwelle ist z.B. für Teilchen, die sich mit positiver Schnelle in Ausbreitungsrichtung bewegen, größer als die jener Teilchen, die sich mit negativer Schnelle gerade entgegen der Ausbreitungsrichtung bewegen. Für Teilchen, die ihre Schwingungsrichtung gerade umkehren, sie befinden sich bzgl. der Schnelle im „Nulldurchgang", ist die Geschwindigkeit gleich der Phasengeschwindigkeit. Infolgedessen wird sich die sinusförmige Welle im Ausbreitungsprozeß „verzerren" bis hin zu einer sägezahnartigen Welle. Man spricht von periodischen *Stoßwellen*, um sie von aperiodischen starken, die bei gewaltigen Explosionen entstehen, zu unterscheiden. Zur Ausbildung einer Stoßwelle muß die Welle eine hinreichende Strecke durchlaufen. Idealform erreicht sie kaum, da infolge der Dämpfung die höheren Harmonischen um so stärker geschwächt werden, je höher die Frequenz ist. Die Verhältnisse in Flüssigkeiten sind, da die Dämpfung wesentlich geringer ist als im Festkörper, etwas anders. Ohne daß sich die Amplitude stark verringert, bildet sich die Stoßwelle bereits nach wenigen Zentimetern aus.

Eine gewisse Vorstellung, wie es zur Ausbildung von Stoßwellen kommen kann, liefern unter Umständen Grundwellen im Meer, wenn sie bei starken Stürmen auf den Strand zulaufen. Man beobachtet, daß die Wellenkämme sich aufsteilen, die Wellensenken hingegen durch den Meeresgrund gebremst werden. Wellenkämme holen die vor ihnen laufenden Wellensenken ein. Schließlich klatschen sie mit voller Wucht frontal gegen die Steilufer und können bei genügendem Energiegehalt große Schäden anrichten.

Etwas ähnliches geschieht mit longitudinalen Wellen im menschlichen Körper, allerdings kontrolliert und gesteuert. Gelingt nämlich die Fokussierung solch einer Stoßwelle von außerhalb des menschlichen Körpers durch das Körpergewebe hindurch auf einen *Stein* z.B. in harnleitenden Wegen (*Nierenstein, Blasenstein*), kann man diesen u.U. zerstören. Kleinere Steinstücke können dann über die Harnwege den Körper verlassen. Vorausgesetzt wird natürlich, daß dieser Schall eine hinreichende Energiedichte oder Intensität besitzt.

Eine andere Folge nichtlinearen Verhaltens sind hohe Schallstrahlungsdrucke, die Ursache für das Auftreten von Ultraschall-Flüssigkeitssprudeln an der Grenze zweier Flüssigkeiten sind, wenn diese verschiedene Energiedichten aufweisen. Das wurde bereits auf S. 26 erwähnt.

Letztes Beispiel sei die Entstehung des „Quarzwindes". Schwingt ein ebener Ultraschallgeber in Luft, dann saugt er in einer Phase gewissermaßen aus allen Richtungen Luft an und stößt sie in der entgegengesetzten Phase vorwiegend senkrecht zu seiner Oberfläche wieder ab. Es kommt zu einer Art Gleichrichterwirkung und es gelingt, mit dem „*Quarzwind*" brennende Kerzen auszublasen.

3.9   Leistungsschall

Von Leistungsschall spricht man, wenn eine Schallintensität von mehr als 10^4 W/m² im zu durchschallenden Medium vorliegt. Er wird durch spezielle Leistungsschallgeneratoren erzeugt, dient der Materialbearbeitung und wird in der Ultraschalltherapie oft in Form von Impulsschall eingesetzt.

Geringere Intensitäten, weit unter 10^4 W/m², werden für wissenschaftliche Untersuchungen zur Werkstoffprüfung oder in der medizinischen Diagnostik meist im Impulsverfahren verwendet. Die eingestrahlte Energie soll so gering wie möglich sein, daß am durchschallten Objekt nichts verändert wird. Der Ultraschall wirkt nur als Signalübertrager.

Eine ganz andere Zielstellung verfolgt man mit Leistungsultraschall. Mit ihm will man gezielt eine Stoffveränderung oder -zerstörung erreichen. Seine Anwendung erfolgt häufig bei technologischen Fragestellungen. Physikalisch unterscheidet sich der Leistungsultraschall vom Ultraschall geringerer Intensität dadurch, daß Nichtlinearitäten in den Grundgleichungen für die Beschreibung der Schallausbreitung auftreten. Die theoretische Behandlung ist dann schwieriger als im linearen Fall.

Wie bringt man Schall solch hoher Intensität an seinen Wirkungsort? Entweder benutzt man fokussierende Schwinger oder man arbeitet mit einem Amplitudentransformator und angekoppelter Sonotrode.

Die durch die Schallwirkung erzielbaren Effekte sind sehr vielfältig. Je nach Art seiner Wirkung gibt es mehrere Erscheinungsformen, maßgebend ist der am Wirkungsort auftretende Wechseldruck des Leistungsschalls.

Die mit Abstand wichtigste Erscheinung ist die Kavitation, eine Implosion von Blasen in Flüssigkeiten, in deren Inneren Drucke von etwa 10^{10} Pa auftreten. Die Kavitation kann zur Zerstörung von Stoffen und Zellen führen. Positiv beeinflußt werden dadurch Prozesse zur Extraktion, z.b. von Zucker aus Zuckerrüben, die Gewinnung von Öl aus Ölsamen u.a.

Ferner können infolge der Bündelungsgmöglichkeiten oder Fokussierung der Schallwellen in Festkörpern starke lokale Erwärmungen hervorgerufen werden. In Aerosolen, Suspensionen oder Emulsionen tritt weiterhin durch den hohen Schallwechseldruck ein Orientierungseffekt auf, die Medienteilchen orientieren sich im Schallfeld. Gleichzeitig erfolgt eine Separierung der verschiedenen Komponenten, weil die kleineren Masseteilchen den Änderungen des Schallwechseldrucks unmittelbar folgen können, die größeren hingegen zurückbleiben. Das kann dazu führen, daß bei höheren Frequenzen (einige hundert kHz) die mitschwingenden Teilchen wie ein sich innerhalb der anderen Teilchen bewegendes System wirken. Es treten dann starke hydrodynamische Kräfte zwischen ihnen auf, die zur *Koagulation*, zum Ausflocken führen können.

Mit Leistungsultraschall *reinigt* man Oberflächen von Festkörpern (z.B. Uhren usw.), Gläser, Leiterplatten in der Elektronik, zur Galvanisierung vorgesehene Metallteile usw., indem man sie in eine beschallte Flüssigkeit bringt. Die Flüssigkeit befindet sich in einer eigens dafür vorgesehenen Wanne. Den Schall führt man über den Boden und die Wände zu. Die Flüssigkeit dient als Energieübertrager. Zur Reinigung nutzt man die Erscheinung der Kavitation aus. Die Reinigungszeit ist relativ kurz, sie beträgt wenige Minuten. In ihrer Zusammensetzung muß die Reinigungsflüssigkeit der Art der Verschmutzung und dem Reinigungsgut angepaßt werden. Das betrifft ebenfalls die Einstellung optimaler Temperaturen und die Auswahl der Schalleistung.

All diese Effekte führten zu vielen Anwendungen des Ultraschalls. Auf verschiedene wird noch eingegangen. Allerdings muß man dabei berücksichtigen, daß nicht alle erdenkbaren Anwendungen, die im Labor durchaus praktiziert werden, technisch auch realisierbar sind. Als Beispiel sei die Zerstörung von Geweben genannt. Für kleinere Gewebeteile ist das im Labor schnell möglich, im industriellen Rahmen bedarf es großer Ultraschallgeber mit hoher Leistung. Solche Geber herzustellen stößt oft auf technologische Grenzen. Ferner setzt die Dämpfung des Schalls in großen Gewebestücken seinem Eindringen in tiefere Lagen eine Grenze. Man hat hier dem Verhältnis von Aufwand und Nutzen, der Effektivität, Rechnung zu tragen.

4 Anwendungs- und Einsatzgebiete des Ultraschalls

4.1 Grundlagenforschung mit Ultraschall

Die Konstruktion von Brücken, das Errichten von Häusern, das Tauchen eines U-Bootes, die Ganggenauigkeit von Zeitgebern u.a.m. verlangen die Kenntnis der elastischen Eigenschaften der Konstruktions- bzw. Baumaterialien und ihr Verhalten unter extremen Bedingungen. Um die Festigkeit und Haltbarkeit von Schweißnähten zu prüfen, das Vorhandensein von Gallensteinen festzustellen, Fischschwärme aufzustöbern, Autos einzuparken usw. setzt man Ultraschall ein. Das sind nur einige wenige Beispiele aus der breiten Palette von Untersuchungsmöglichkeiten mittels Ultraschall und seiner Anwendung.

In den Kapiteln 3.4.4-3.4.6 und 3.6 wurden exemplarisch bereits einige Ultraschallverfahren und Einsatzgebiete behandelt, die darauf hinweisen, daß man bereits im Labormaßstab grundlegende Erfahrungen und Meßdaten gewinnen kann. So finden heute die meisten Grundlagenuntersuchungen zum Ultraschall selbst (Erzeugung, Empfang, Bündelung usw.), seinen physikalischen Eigenschaften (Frequenzverhalten, Intensitäten) und Wirkungen auf andere Stoffe in naturwissenschaftlichen, medizinischen und technischen Laboratorien statt. Besondere Anstrengungen in großer Breite und Vielfalt beobachtet man derzeit auf allen medizinischen Gebieten.

Auch Untersuchungen zum Verhalten verschiedener Tierarten finden in Labors oder Zoos statt, grundsätzlich sind allerdings Beobachtungen in der freien Natur dadurch kaum zu ersetzen.

Entsprechend den wissenschaftlichen oder technischen Zielstellungen von Untersuchungen sind geeignete, den Problemen angepaßte Methoden entwickelt worden oder zu entwickeln. Immer aber laufen die Untersuchungen auf die Messung der Schallgeschwindigkeit zur Bestimmung elastischer Eigenschaften und die Messung der Schalldämpfung zur Aufklärung von Dämpfungsmechanismen hinaus. Mit dem Einsatz verschiedener Dopplermethoden verfolgt man anhand von Frequenzänderungen Bewegungsvorgänge. Die Experimente erfolgen fast durchweg in Abhängigkeit oder Variation äußerer (Drucke, Temperatur, elektrische und magnetische Felder) und innerer Parameter oder Einflüsse (Stoffzusammensetzung, Bestrahlungsfolgen, Fremdstoffe, Phasenumwandlungen).

Im Kapitel 3.4.5 wurden bereits Impuls- und Impulslaufzeitverfahren besprochen. Für die Grundlagenforschung sind noch einige besondere Verfahren von Interesse, die wegen ihrer extrem hohen Genauigkeit im Labor eingesetzt werden.

4.1.1 Sing-around-Verfahren

Das *sing-around-Verfahren* ist eine automatische Methode zur Messung der Ultraschallgeschwindigkeit und zur Beobachtung von Änderungen der Ultraschallgeschwindigkeit mit extrem hoher Präzision. Deshalb wird dieses Verfahren zur Relativmessung bevorzugt gegenüber anderen verwendet. Man erreicht relative Genauigkeiten von 10^{-5} bis 10^{-7} je nach dem Aufwand für die verwendete Elektronik. Für Absolutmessungen sind die Genauigkeiten um zwei Größenordnungen geringer.

Die einfachste Form dieses Prinzips ist in Abb. 30 dargestellt. Es wird immer mit zwei Wandlern gearbeitet. Vom Sendewandler wird ein Impuls sehr kurzer Dauer, meist im Mikrosekundenbereich, in das Untersuchungsmedium abgestrahlt. Nach Durchlaufen des Mediums wird das Signal am Empfangswandler rückverwandelt und anschließend verstärkt. Die Vorderflanke dieses verstärkten Impulses verursacht ein Triggersignal, das einen neuen Impuls am Sendewandler auslöst. Es liegt somit eine Schleife vor, die im Prinzip kontinuierlich arbeitet. Die Taktfrequenz

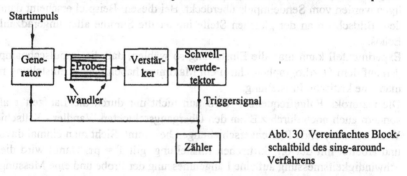

Abb. 30 Vereinfachtes Blockschaltbild des sing-around-Verfahrens

des Triggersignals wird mit einem Frequenzzähler gemessen. Die Laufzeit durch die Schleife ist gleich dem Reziprokwert der Zahl der Triggersignale pro Sekunde. Diese Laufzeit durch die Schleife ist i. allg. größer als die Laufzeit des Impulses durch die Probe. Dafür gibt es einmal elektronische Ursachen - z.B. treten Verzögerungen bei der Triggerung des Wandlers auf, die Anstiegszeit des verstärkten Impulses ändert sich und somit das Ansprechen der Triggerschwelle -, andererseits existieren auch akustische Verzögerungen in den zwei Wandlern und deren Ankopplungen. All diese „Totzeiten" können im Prinzip festgestellt und dann eliminiert werden. Demnach ist dann auch eine Absolutmessung mit hoher Genauigkeit möglich. Es gibt Modifizierungen dieses Prinzips, indem auch mit kontinuierlicher Abstrahlung gearbeitet und die Verschiebung der Resonanzfrequenz des Gesamtsystems gemessen wird. Letztendlich wird aber auch eine Frequenz bestimmt.

Das sing-around-Verfahren wird sowohl bei der Untersuchung von Festkörpern als auch von Flüssigkeiten angewendet. Da das bei der Frequenzmessung erhaltene Signal digital vorliegt, ist eine schnelle Verarbeitung mit einem Rechner möglich. Das ist ein weiterer Vorzug dieses Prinzips.

4.1.2 Impuls-Echo-Verfahren nach McSkimin

Abb. 17b) zeigt einen Impuls-Echo-Meßplatz und Abb. 18 das Bild auf dem Oszillographenschirm. Erkennbar ist eine Echofolge. *H. J. McSkimin* hat nun für Festkörperuntersuchungen folgendes Vorgehen vorgeschlagen. Bevor die Echofolge des ersten Sendeimpulses in der Probe abgeklungen ist, erzeugt man einen nächsten Sendeimpuls. Wählt man nun den Zeitpunkt zum ersten Sendeimpuls - oder die reziproke Impulsfolgefrequenz T - ungefähr einem Vielfachen p der Laufzeit in der Probe, so überlagern sich bestimmte Echos der Folge. In den Abb. 31a) und 31b) sind das einmal alle ungeradzahligen Echos (p = 2). Die geradzahligen werden vom Sendeimpuls überdeckt. Bei diesem Beispiel erscheint dann auf dem Bildschirm an der gleichen Stelle immer die Summe aller ungeradzahligen Echos.

Experimentell kann man die Einstellung so wählen, daß die Impulsechoamplituden auf dem Oszillographenschirm ein Maximum haben. Diese Einstellung nennt man eine kritische Einstellung.

Die reziproke Folgefrequenz T wird nun nicht nur durch die Laufzeit τ allein, sondern auch noch durch z.B. an den Übergangsschichten Wandler - Kittschicht - Wandler auftretende Phasenverschiebungen bestimmt. Sieht man einmal davon ab und arbeitet mit der o.g. kritischen Einstellung, gilt $T = p\tau$. Damit wird die Geschwindigkeitsmessung auf eine Längenmessung der Probe und eine Messung der Impulsfolgefrequenz zurückgeführt.

Bei einer Glasprobe von (14,050 ± 0,002) mm Länge - sie wurde mit Endmaßen bestimmt - erhält man z.B. eine Impulsfolgefrequenz von $1/T = 104246 \ s^{-1}$. Bei einem angenommenen Fall von p = 2 ergibt sich für die Laufzeit $\tau = 4,79635 \ \mu s$ und damit eine Schallgeschwindigkeit in der betreffenden Glassorte bei Zimmertemperatur von c = 5858,3 m/s. Der relative Fehler beträgt etwa 2×10^{-4} und wird im wesentlichen durch die Längenmessung bestimmt.

Im *Impulsüberlagerungsverfahren* nach McSkimin arbeitet man mit kurzen, ebenen Wellenzügen. Die Ultraschallfrequenz im angegebenen Beispiel betrug 20 MHz. Als Wandler wurde ein x-Quarz verwendet, der longitudinalen Schall erzeugt. Kittmittel war Epasol ohne Härter. Die den hochfrequenten Schwingungen des Quarzes entsprechenden Signale sind, weil sie der Klarheit der Echofolge we-

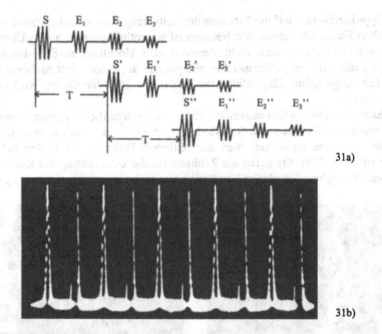

Abb. 31 Beispiel einer Impulsüberlagerung nach McSkimin. a) Schematisch; b) Auf dem Oszillographenschirm sichtbar. S: Sendeimpuls; E: Echoimpuls

gen zuvor demoduliert werden, in Abb. 18 nicht zu sehen. Damit die Echos aufgelöst erscheinen, muß für die Impulsdauer t_p die Beziehung $t_p < 2d/c$ erfüllt sein. Man arbeitet ferner bei der Auswertung der Messungen mit den ersten beiden Echos, um im Nahfeld des Wandlers zu bleiben (s. Abschnitt 3.3). Der geübte Experimentator erkennt aus Abb. 18, aus dem Abfall der Echoamplituden, der natürlich auch die Dämpfung zu bestimmen gestattet, welches Echo er noch für eine hinreichend gute Meßwerterfassung heranziehen kann.

4.1.3 Verfahren von Papadakis

Ebenso wie beim Verfahren McSkimins handelt es sich beim *Papadakis*-Verfahren um ein Impulsverfahren. Beim Impulsüberlagerungsverfahren nach McSkimin werden die gesamten Echofolgen zeitverzögert überlagert und die Impulslaufzeit wird über eine Maximumbedingung für das zwischen den Sendeimpulsen demodulierte Echosignal gewonnen. Die Überlagerung der Echos geschieht in der Probe. Im Unterschied dazu beruht das Prinzip des Papadakis *Impuls-Echo-*

Überlapp-Verfahrens auf der Messung der Zeitverzögerung zwischen zwei ausgewählten Echos. Die Impulsfolgefrequenz ist wesentlich geringer als im Überlagerungsverfahren. Die noch nicht demodulierten Hochfrequenz-Echo-Impulse werden direkt auf dem Katodenstrahloszillographen abgebildet. Erst nachdem die erste Echofolge (Abb. 32a) infolge der Dämpfung abgeklungen ist, wird eine nächste erzeugt.

Innerhalb einer Folge wählt man zwei Echos aus, deren zeitlicher Abstand gemessen werden soll. Die Frequenz des Wiederholgenerators wird nun so eingestellt, daß sie etwa dem reziproken Wert der zeitlichen Differenz der beiden Echos gleich ist (Abb. 32b). Sie liefert die Zeitbasis für die x-Ablenkung des Katodenstrahloszillographen. Ein dualer Verzögerungsgenerator verzögert nun, exakt ge-

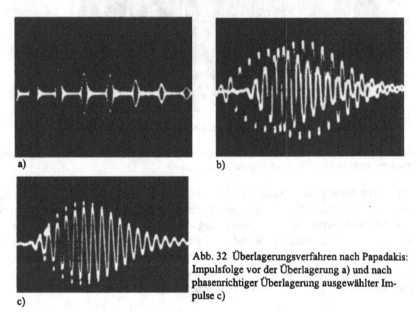

a)

b)

Abb. 32 Überlagerungsverfahren nach Papadakis: Impulsfolge vor der Überlagerung a) und nach phasenrichtiger Überlagerung ausgewählter Impulse c)

c)

steuert durch den Wiederholgenerator, das erste Echo so, daß es auf dem Bildschirm phasengleich mit dem zweiten überlapt (Abb. 32c). Die exakte Überlappung dieser beiden Echos eines Impulszuges ist äquivalent der Überlagerung aller folgenden Echos des Impulszuges. Die Verzögerungszeit oder die reziproke kleinste Frequenz ist die gesuchte Verzögerungszeit zwischen den ausgewählten Echos. Die absolute Meßgenauigkeit für die Geschwindigkeit beträgt etwa 0,02 %; und Dämpfungsänderungen können gemessen werden, wenn sie größer als 0,02 dB sind. Die Dämpfungsmessung kann nach diesem Verfahren automatisiert werden. Auch ist eine simultane Messung von Geschwindigkeit und Dämpfung möglich.

In der Ultraschaschalltechnik nutzt man die Ultraschallwellen auch immer mehr als Signalübertrager. Das wiederum setzt voraus, daß man die Eigenschaften des Schalls hinsichtlich der Signalverarbeitung (Modulation, Frequenzfilterung), der Signalumwandlung, der Verzögerung usw. kennt.
In diesem Kapitel konnte nur eine kleine und in gewissem Sinne willkürliche Auswahl von Anwendungen und Verfahren geboten werden. In der im Anhang aufgeführten Literatur kann man sich eingehender und umfassender informieren.

4.1.4 Reverberationsverfahren

Es ist nicht möglich, die Schalldämpfung in Flüssigkeiten für den gesamten Ultra-schallbereich mit einer einzigen Methode zu bestimmen. Ursache ist, daß die Dämpfung im einfachsten Fall quadratisch von der Frequenz abhängt. Eine Erhö-hung der Frequenz um den Faktor 10 bedeutet eine Zunahme der Dämpfung um den Faktor 100. Anschaulich heißt dies, daß einer Dämpfung bei 100 kHz über eine Wegstrecke von 1 km für 1 GHz die gleiche längs eines Weges von 10^{-2} mm entspricht. Es ist einleuchtend, daß mehrere Meßprinzipien angewendet werden müssen, wenn man in einem breiten Frequenzbereich arbeiten will.
Oberhalb von 10 MHz arbeitet man mit Impulsverfahren (Abb. 33a). Der Ampli-tudenabfall eines Impulses nach einer durchlaufenen Wegstrecke $\Delta x = (x_1 - x_2)$ wird

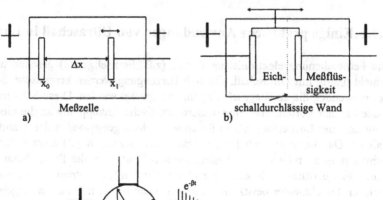

Abb. 33 Prinzip des Impuls-verfahrens mit veränderli-chem Wandlerabstand $\Delta x = x_1 - x_2$ a), des Differenzver-fahrens mit konstantem Wandlerabstand b) und der Reverberationsmethode c)

registriert. Es gilt $\alpha = 1/\Delta x \cdot \lg U_0/U_1$ (s. Seite 45). U_1 und U_0 sind die elektrischen Spannungen am Empfänger an den Stellen x_1 und x_0. Beide sind den Schallwechseldruckamplituden proportional. Von 1 bis 20 MHz werden Differenzverfahren angewendet (Abb. 33b). Diese sind Impulsverfahren. Durch die Trennung in zwei Kammern und die Relativverschiebung der Wandler in ihnen verhindert man negative Schallfeldeinflüsse auf das Meßergebnis. Darauf wird nicht näher eingegangen. Bei Frequenzen um 1 MHz sind die einfachen Impulsverfahren nicht mehr anwendbar. Man braucht zu große Behälter, um einen Effekt nachzuweisen. Als Ausweg bietet sich die relativ komplizierte *Reverberationsmethode* an (Abb. 33c). Bei ihr wird ein kurzer Ultraschallimpuls oft an den Gefäßwänden reflektiert. Man registriert den Abfall des Empfangssignals nach der Zeit t. Bei der Resonanzverberation muß die Meßzelle eine definierte Geometrie haben, bei der statistischen Reverberation kann sie unregelmäßig geformt sein. Für die Amplitude a des Empfangssignals gilt $a = a_0 e^{-\beta t}$, mit $\beta = \alpha c$. Man muß die Schallgeschwindigkeit c kennen, um aus β, ermittelt aus dem Abfall der Kurve auf dem Oszillographenschirm, den Dämpfungskoeffizienten α zu errechnen.

4.2   Anwendung von Ultraschall in Luft und Flüssigkeiten

4.2.1 Einige praktische Anwendungen von Ultraschall in Luft

Die Fernbedienung elektronischer Geräte (z.B. Fernsehgeräte) geschah und geschieht häufig mit Ultraschall. Zur Schallerzeugung werden keramische Schwinger verwendet, die zu Biegeschwingungen angeregt werden. Diese Schwingungsmode hat den Vorteil, daß eine bessere akustische Ankopplung an die niedrigere Impedanz der Luft erfolgt als es für andere Schwingungsmoden der Wandler der Fall ist. Das ist wesentlich für eine gute Schallausbreitung. Ferner liefert diese Schwingungsart relativ hohe Auslenkungsamplituden. In der Praxis benutzt man häufig Frequenzen um 40 kHz. Die Wellenlänge in Luft beträgt dann 8 mm. Den gleichen Durchmesser besitzt der Wandler. Damit liegt nahezu ein Kugelstrahler vor, d.h. alle Raumrichtungen werden mit Schall erfüllt. Das ist auch notwendig, damit eine Fernbedienung des Gerätes von jeder Stelle eines Raumes aus möglich ist. Im Gerät befindet sich ein auf akustische Resonanz abgestimmter Empfangswandler, der das empfangene Ultraschallsignal in ein elektrisches umwandelt. Entsprechend der im abgesendeten Ultraschallsignal vorhandenen Information (durch Änderung der Resonanzfrequenz oder deren Modulation erzeugt) wird das Gerät ein- oder ausgeschaltet, die Farbe, die Lautstärke o.ä. geändert. Auch die Anwendung von Ultraschall zur Niveaubestimmung von Flüssigkeiten oder Festkörpern, z.B. in Behältern kennt man. Dazu braucht man einen recht scharf fokussierten Strahl. Es werden daher Wandler mit einem relativ großen Durchmesser verwendet.

Beim Übergang des Schalls aus einer Flüssigkeit in Luft kann man Flüssigkeitssprudel erzeugen, indem man in einem geeigneten Gefäß, an dessen Boden ein angebrachter Wandler schwingt, einen Schallstrahl gegen die Grenzfläche Flüssigkeit-Luft richtet. Bei genügendem Strahlungsdruck, beim Einsatz von Leistungsschall, durchbricht der Schall die Flüssigkeitsoberfläche, erzeugt einen Flüssigkeitssprudel und vernebelt die Umgebung. Die vernebelte Flüssigkeitsmenge hängt von den Eigenschaften der Flüssigkeit, der Ultraschallfrequenz und Ultraschalleistung ab. So erzeugt man mit sogenannten Inhalationsgeräten medizinische *Aerosole*. Ultraschallraumaerosole sind sehr beständig, sie bleiben 15 bis 20 Stunden im Raum bestehen.

Ultraschallabstrahlung in Luft erfolgt aber nicht nur über piezoelektrische Wandler, sondern auch mittels Kondensatormikrophonen über elektrostatische Lautsprecher. Die Vorteile dabei sind eine große Breitbandigkeit, meist mindestens eine Oktave, und ein hoher Wirkungsgrad bei der Umwandlung von elektrischer in mechanische Energie. Letzteres ist entscheidend bei batteriebetriebenen Anordnungen. Solch eine wird bei der *Ultraschallblindenhilfe* angewendet. Ein kapazitiver Wandler strahlt kontinuierlich Ultraschallimpulse von 40 ms Dauer aus, deren Frequenz sich linear von 40 kHz auf 80 kHz ändert. Das Empfangssignal wird mit dem Sendesignal in entsprechender Elektronik gemischt und als Frequenzdifferenzsignal weiter verarbeitet. Dies gelangt zu einem Ohrhörer, der vom Blinden getragen wird. Hohe Frequenzdifferenz zeigt ein entferntes Objekt an, die Differenz Null bedeutet direkte Annäherung.

Die elektronische Kamera, bestückt mit einem Mikroprozessor, ist keine Seltenheit mehr. Belichtungsmessung, Blenden- und Weiteneinstellung erfolgen automatisch. Die dazu notwendige Entfernungsmessung erfolgt durch Ultraschall. Fotoapparate, bei denen zur automatischen Scharfeinstellung Ultraschall angewendet wird, besitzen einen elektrostatischen Wandler, der als Sender und Empfänger arbeitet und Impulse im Frequenzbereich von 50 kHz bis 60 kHz abstrahlt. Impulsdauer und -folgefrequenz sind so ausgewählt, daß Echos von einem nächstliegenden Objekt, z.B. in 27 cm Entfernung, als auch einem in 11 m entfernten Abstand aufgelöst werden können. Die Signale werden elektronisch weiterverarbeitet und bewirken eine Linseneinstellung, so daß ein scharfes Bild entsteht.

Die Temperaturabhängigkeit der Ultraschallgeschwindigkeit in Gasen wird bei vielen Anwendungen ausgenutzt. Bei Hochtemperaturprozessen ist die Temperaturmessung teilweise schwierig und ungenau oder die entsprechenden Meßstellen sind schwer zugänglich. Das kann in der Zementindustrie, bei Hochöfen oder in der Porzellanindustrie der Fall sein. Die Schallgeschwindigkeit liefert einen Momentanwert, der sofort verarbeitet wird und damit zur Steuerung der Brennvorgänge herangezogen werden kann.

Eine interessante Anwendung dieses Prinzips erfolgt in der Motorentwicklung der Autoindustrie. Die Temperaturen im Verbrennungsraum wie die der Abgase werden in modernen Labors aus dem Wert der Schallgeschwindigkeit bestimmt. Es ist leicht einzusehen, daß die Optimierung des Verbrennungsprozesses zu hoher Motorleistung als auch zur Schadstoffminimierung führt.

4.2.2 SONAR-Ortung

Natürlich kann man in Luft oder Gasen eine Ortung mittels Schall vornehmen, nur ist das oft unzweckmäßig, weil es genauere und einfachere optische und elektromagnetische Verfahren gibt. Anders ist das in Flüssigkeiten oder Wasser. Man spricht dort häufig statt von Schallortung von *SONAR-Ortung*. Der Begriff SONAR (sound navigation and ranging) wurde in Analogie zum Begriff RADAR (radio detecting and ranging) eingeführt. Man unterscheidet zwischen Passiv- und Aktivortung. Bei der Passivortung werden die von einem interessierenden Objekt ausgesendeten Geräusche empfangen und analysiert. Bei der Aktivortung werden geeignet aufbereitete Signale ausgesendet und die von Hindernissen reflektierten Signale empfangen und präzise analysiert. Die Vertikallotung erfolgt u.a. zur Be-

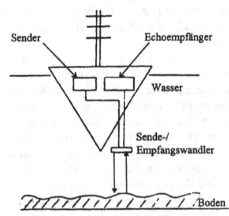

Abb. 34 Prinzip einer Anordnung zur Vertikallotung in der Schiffahrt

stimmung der Wassertiefe unter dem Schiffskiel, dem Auffinden von Fischschwärmen, der Meeresbodenerkundung usw. Sie gehört heute zu den unentbehr-
lichen Navigationsmitteln der Schiffahrt. Abb. 34 zeigt schematisch eine Variante
dieses Prinzips. Die Tiefe des Wassers r ist gemäß $r = c\tau/2$ berechenbar, wobei c
die Schallgeschwindigkeit und τ die Gesamtlaufzeit des Schalls ist. Heute werden
vielfach piezokeramische Schallwandler verwendet. Die Technik der zweckmäßi-
gen Wandleranordnungen ist recht weit fortgeschritten. Die *Vertikallotung* ist
i. allg. unbeweglich. Nur direkt unter dem Schiffskiel, innerhalb des Schallkegels,
befindliche Objekte werden geortet. Diesen Nachteil hat die *Horizontallotung*
nicht. Sie kann z.B. auf der Wasseroberfläche treibende Objekte erkennen. Außer
der Entfernung der Objekte ist auch die Winkellage zum ortenden Punkt bestimmbar. Damit können Angaben über Art und Größe der georteten Objekte gewonnen werden. Häufig will man noch die Geschwindigkeit des georteten Objektes erkennen. Das ist möglich mit Hilfe der *Dopplerverschiebungsfrequenz f_d* .
Wenn nämlich $u = w = v_R$, der Relativgeschwindigkeit zwischen Ortungseinrich-
tung und Objekt ist und diese wiederum klein gegen die Schallgeschwindigkeit
($v_R < c$), dann kann man Gl. (3.8) in eine Taylorreihe entwickeln. Diese Entwicklung bricht man nach dem ersten Glied ab und erhält:

$$f_d = f' - f = 2v_R f/c. \tag{4.1}$$

Für Bewegungen auf der Erde (Auto, Zug usw.) oder auf dem Wasser (Schiffe) ist
die Voraussetzung $v_R < c$ sicherlich erfüllt. Das macht die Abstandsmessung zwischen hintereinander fahrenden Kraftfahrzeugen zusammen mit der Bestimmung
ihrer Geschwindigkeitsdifferenz möglich und sicherlich bei weiter zunehmender
Verkehrsdichte auch notwenig.
Die Darlegungen machen deutlich, daß empfangsseitig eine schnelle, exakte zeitliche, frequenz- und amplitudenmäßige Auswertung erfolgen muß, um alle im
reflektierten Schall enthaltenen Informationen herauszuholen. Das erfolgt in der
Praxis über die Auswertung einer Vieldeutigkeitsfunktion (Ambiguity-Funktion)
mit entsprechend komplizierter Elektronik. Auf der anderen Seite stellt dies auch
elektronische wie mechanische Anforderungen an die Sendeseite. So arbeitet man
mit unterschiedlichen Schallsignalen, von denen die drei wichtigsten sind:
a) die trägerfrequenten Schallimpulse (cw-Impulse), bei denen die Frequenz während der Impulsdauer konstant ist,
b) die linear frequenzmodulierten Schallimpulse (FM-Impulse), bei denen die
Frequenz während der Impulsdauer linear zunimmt, und
c) die kodierten Schallimpulse, bei denen dem Impuls Informationen, beispielsweise durch Phasensprünge, aufgeprägt werden.

Es gibt heute Lote, die mit Schwenkeinrichtungen sowohl horizontale als auch vertikale Lotungen durchführen und damit alle möglichen Informationen liefern. Vieles von dem, was der Mensch in den letzten 50 Jahren auf diesem Gebiet mühsam entwickelt hat, beherrscht der Delphin seit Jahrtausenden. Es ist bekannt, daß sein Sehvermögen sehr begrenzt ist. Durch sein hervorragend funktionierendes Schallortungsvermögen reagiert er aber sehr schnell und exakt auf auftretende Hindernisse selbst in der Dunkelheit der Meerestiefe. Vielerorts arbeitet man heute intensiv an der Aufklärung und Nutzung dieses Phänomens.

Eine interessante Anwendung hat die Horizontalortung z.B. mit dem *Parktronic-System* in der S-Klasse von Mercedes gefunden. In den Stoßstangen vorn und hinten sind sechs bzw. vier Wandler integriert, die Schall nach vorn und hinten, sowie auch etwas seitlich aussenden (Abb. 35) und nach Reflexion empfangen.

Abb. 35   In die Stoßstange eingefügte Ultraschallschwinger als Bestandteile des Parktronic-Systems der S-Klasse von Mercedes-Benz. Das Bild wurde von der Daimler-Chrysler AG Stuttgart zur Verfügung gestellt

Für das Einparken eines Autos nehmen wir eine Geschwindigkeit von 10 km/h (2,77 m/s) und weniger an. Die Wandler senden Schall mit einer Geschwindigkeit von ca. 300 m/s aus. Die Schallgeschwindigkeit ist etwa 108 mal größer als die Geschwindigkeit des Fahrzeugs. Nach dem Echolotverfahren durchlaufen die Schallsignale die Entfernung zum Hindernis und zurück zum Wandler. Sie benötigen für einen Weg zu einem Hindernis in einer Entfernung von 35 cm etwa 0,0023 s. Bei einer Entfernung von 35 cm zum Hindernis setzt neben einem bereits Gefahr anzeigenden Lichtdisplay zusätzlich ein akustisches Warnsignal ein. Das Auto würde, ohne zu bremsen, für die 35 cm noch 0,126 s benötigen. Diese Zeitdifferenz von 0,126 s reicht aber aus, um bei „ausgeschalteter" Schrecksekunde und bereits eingeleitetem Bremsvorgang den Wagen noch rechtzeitig zum Stehen zu bringen. Bei einer Annäherung auf etwa 15 cm an das Hindernis wird es kritisch, weil die Wandleranordnung nicht mehr im Fernfeld arbeitet und damit vereinzelte schmale Hindernisse kaum erfaßt werden können (s. Abb. 8). Insgesamt arbeitet das System mit einer Reichweite von wenigen Metern.

4.2.3 Füllstandsmessung mit Ultraschall

Technische „Varianten" von Ultraschallortungsgeräten findet man bei der Füllstands- und Durchflußmessung. In Abb. 36 sind drei Möglichkeiten skizziert. Gestrichelt ist das Medium gekennzeichnet, dessen Füllstand ausgemessen werden soll. Es kann Flüssigkeit oder Feststoff sein. Bei Variante A befindet sich der Wandler außerhalb oder auch innerhalb des Gefäßes. Ein Impuls wird ausgesendet und seine Laufzeit bis zum Wiedereintreffen gemessen. Der Impuls durchläuft das Medium, dessen Höhe vermessen werden soll. In der Variante B durchläuft der Schall die über dem Meßgut liegende Luft. Der vom Schall durchlaufene Luftweg ist dann ein Maß für die Füllhöhe, wenn vorher die Gefäßtiefe bekannt ist. In der Variante C, die seltener verwendet wird, wird der Wandler an der Außenwand verschoben. Er „spürt", ob er durch Luft oder Meßgut strahlt.

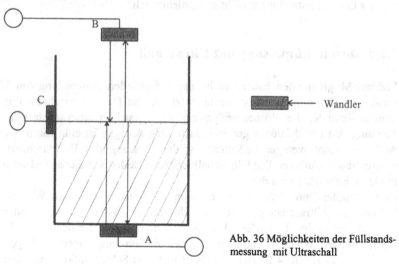

Abb. 36 Möglichkeiten der Füllstandsmessung mit Ultraschall

Alle drei Möglichkeiten haben gewisse Nachteile. Ist nämlich die Oberfläche des Meßgutes rauh, z.B. bei festen Schüttgütern, tritt eine diffuse Reflexion auf. Die Signalerfassung wird schwierig und die Genauigkeit geringer. Neuerdings werden sog. Korrelationsmeßverfahren verwendet, die diese Nachteile ausschalten. Sie sind aber erheblich teurer und komplizierter als gebräuchliche Impuls-Echo-

Verfahren. Die vom Schall durchlaufenen Strecken dürfen auch nicht zu lang sein, da auf dem Weg immer Absorption auftritt. Diese macht sich z.B. in der Variante B besonders bemerkbar. Es muß bei ihr entweder der Schallweg kurz gehalten oder aber die Frequenz des Wandlers herabgesetzt werden. Bei flüssigem Material ist mit der Variante A auch nur ein endlicher Weg durchschallbar. So ist es problematisch, in 5 bis 10 m hohen Öl- oder Benzinbehältern die Füllhöhe auszumessen. Realisiert ist dagegen der Einsatz am Benzintank im Auto. Dort sind Flüssigkeitsstrecken von nur maximal etwa 40 cm zu durchschallen. Die Information über die Füllhöhe liegt nach Wandlung des Schallsignals am Schwinger als elektrisches Signal vor, das digital weiterverarbeitet werden kann und dem Autofahrer Informationen über den mittleren Benzinverbrauch liefert oder eine sparsame Benzineinspritzung steuert.

Schwierig ist der Einsatz des Verfahrens A, wenn die Füllhöhe von festen Schüttgütern bestimmt werden soll. Die zwischen den Festkörperteilen vorhandenen Hohlräume stellen starke Absorber dar, so daß die Durchschallungstiefe gering ist. Trotz aller Nachteile wird Ultraschall häufig zur Füllstandsmessung verwendet, weil andere Methoden, z.B. auf induktiver oder kapazitiver Basis, störanfälliger sind und Funken auslösen können. Der Einsatz radioaktiver Meßmethoden ist wegen des Gesundheitsschutzes nicht unproblematisch.

4.2.4 Durchflußmessung mit Ultraschall

Mehrere Möglichkeiten haben sich bei der industriellen Anwendung von Ultraschall zur *Durchflußmessung* durchgesetzt, so das Dopplerverfahren, die sing-around-Methode, das Wirbelabrißprinzip, der Kreuzkorrelationsmesser u.a. Die Messung von Durchflußmengen in industriellen Anlagen ist eine enorm wichtige Aufgabe. Nicht weniger bedeutend ist die Messung des Blutdurchflusses in menschlichen Gefäßen. Die Ultraschallverfahren stellen auf diesen Gebieten ganz moderne Entwicklungen dar.

Beim Doppler-Durchflußmesser wird vom Wandler unter einem Winkel α zur Röhrenachse Ultraschall gesendet. Der Ultraschall wird an Gasblasen oder Feststoffteilchen in der fließenden Flüssigkeit gestreut und unter dem Winkel α von einem zweiten Wandler empfangen. Dabei tritt am Empfänger die *Dopplerverschiebung* f_d auf (Gl. 4.1). Berücksichtigt man den Schrägeinfall unter dem Winkel α, gilt $f_d = 2f(v/c)\cos\alpha$, wobei v die Strömungsgeschwindigkeit des Mediums bedeutet. Hat man f_d bestimmt, ist die Strömungsgeschwindigkeit bekannt. Die Dopplerverschiebung ist unabhängig vom Rohrdurchmesser und der Wandstärke, was die Anwendung erleichtert. Die Genauigkeit hängt von Flußprofil, von der Art, Größe und räumlichen Verteilung der Streuzentren als auch der Schallgeschwindigkeit im Medium ab, diese muß man kennen. Spektakulärste Anwendung findet dieses Prinzip im Blutdurchflußmesser (s. Abschn. 4.6.1). Das sing-around-Verfahren mißt die unterschiedlichen Laufzeiten des Schalls in und entgegengesetzt der Fließrichtung. Beim sing-around-Prinzip löst ein am Empfangswandler ankommender Impuls den nächsten Sendeimpuls aus. So wird die Impulsfolgefrequenz durch die Laufzeit des Schalls im Medium bestimmt. Beide Wandler können als Sender und Empfänger ausgetauscht werden. Die Frequenzdifferenz ist unabhängig von der Schallgeschwindigkeit des Mediums. Dies macht das Verfahren interessant für Durchflußmessungen von reinen Flüssigkeiten, da Streuzentren unnötig sind.

Das Wirbelprinzip ist ein spezielleres Verfahren. Es ist sowohl für reine Flüssigkeiten als auch für Gase anwendbar. Bei ihm wird ein kleiner Körper innerhalb des Rohres positioniert, der Wirbel entgegen der Strömungsrichtung verursacht. Die Frequenz der Wirbelerzeugung ist proportional zur Flußgeschwindigkeit. Aus der Modulation eines Schallstrahls, der sich quer zur Röhre ausbreitet, können die Wirbel und ihre Frequenz nachgewiesen und bestimmt werden.

Beim Kreuzkorrelationsverfahren wird die Laufzeit des fließenden Materials zwischen zwei Punkten längs der Röhre gemessen. Ein Wandler an einem Punkt mißt zufällige Variationen irgendeiner physikalischen Eigenschaft des Flusses. Sein Ausgangssignal wird verzögert und mit dem eines zweiten Wandlers, der sich in Flußrichtung befindet, multipliziert. Die Verzögerung, bei der das Kreuzkorrelationsprodukt am größten ist, entspricht der geforderten Durchlaufzeit. Dieses Verfahren ist effektiv einsetzbar bei Durchflußmessungen von Schlamm und Abwasser, da dort Schwankungen in der Zusammensetzung auftreten.

Ultraschallverfahren werden zur Durchflußmessung von Flüssigkeiten und Gasen in breitem Umfang eingesetzt. Es gibt bereits eine breite Palette kommerzieller Geräte. Der Vorteil des Ultraschalls besteht darin, daß keine optische Transparenz des Mediums notwendig ist und der Fluß im Rohr durch das Verfahren nicht beeinträchtigt wird (mit der einzigen Ausnahme des Wirbelverfahrens). Letzteres ist wichtig bei aggressiven Materialien, wie sie besonders in der chemischen Industrie vorkommen.

4.2.5 Verfolgung chemischer Prozesse mit Ultraschall

Bei chemischen Prozessen benötigt man Meßdaten und -parameter, um den Prozeßzustand zu kontrollieren und den Prozeßablauf zu steuern. Als Parameter können Druck, Temperatur, Durchflußmenge, Feldstärken, Konzentrationen u.a. Größen dienen. Häufig ist die direkte Messung dieser Größen mit konventionellen, d.h. in der Praxis bislang gebräuchlichen Verfahren, kaum möglich bzw. wird durch extreme Bedingungen erschwert. Weiter kommt man dann mit indirekten Meßmethoden, indem z.B. über Druck-, Temperatur- oder Konzentrationsabhängigkeit einer anderen physikalischen Größe (z.B. Ultraschallgeschwindigkeit, Dielektrizitätskonstante u.a.) Aussagen gewonnen werden. Hierzu ist i. allg. auch der Einsatz von Ultraschallverfahren erforderlich.

Die Ultraschallgeschwindigkeit als auch die -absorption hängen z.B. in Mischungen, Emulsionen, Dispersionen und Lösungen stark von der Konzentration der Einzelkomponenten ab. In Abb. 37a) ist die Ultraschallgeschwindigkeit in einem Sirup als Funktion des Feststoffanteils dargestellt. Ähnliche Verläufe erhielte man, wenn die Schallkennlinien für verschiedene Nektar- oder Juicearten aufgetragen würden. Man kann aus der Schallgeschwindigkeit Aussagen zur Konzentration während des Prozesses machen, wenn man vorher im Labor diese Kennlinie vermessen hat. Nicht so einfach, trotzdem aussagefähig, ist die Temperaturabhängigkeit der Schallgeschwindigkeit vieler Stoffsysteme. In Abb. 37b) ist als Beispiel die Temperaturabhängigkeit in zwei Weinarten und in destilliertem Wasser aufgetragen. Sowohl vom Absolutwert wie vom Kurvenverlauf her unterscheiden sich alle drei Kurven. „*Weinverschnitt*", das Zumischen billiger Weine als auch die „Verwässerung" der Weine ist relativ einfach an veränderten Schallkennlinien nachweisbar. In Abb. 37c) wird die Ultraschallabsorption in PVAc-Dispersionen gezeigt. Das sind grob charakterisiert Zweistoffsysteme, bestehend aus

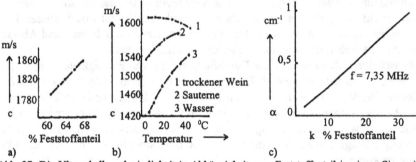

Abb. 37 Die Ultraschallgeschwindigkeit in Abhängigkeit vom Feststoffanteil in einem Sirup a), von der Temperatur für trockenen Wein b)-1, Sauterne b)-2 und Wasser b)-3 und die Schallabsorption in PVAc-Dispersion, bestehend aus Wasser und PVAc c)

Wasser und der Polymerphase (PVAc-Polyvinylazetat). Sie begegnen uns täglich als Latexfarben oder Klebemittel. Die Absorption ändert sich linear mit dem Feststoffanteil des Polymeren. Prinzipiell läßt sich damit der Anteil der Polymerphase in der Dispersion bestimmen.

Die Beispiele belegen, daß Schallabsorption wie -geschwindigkeit sehr empfindlich auf Konzentrationsänderungen reagieren. Sie eignen sich demzufolge zur

Überwachung und Steuerung von Prozeßabläufen, bei denen die Verfolgung und Kenntnis der Konzentration wichtig ist. Das ist in vielen Bereichen der Nahrungsmittelindustrie, der chemischen Industrie, der Abwasserbehandlung, ja selbst der Fäkalienaufbereitung der Fall.

Bei vielen chemischen Prozessen ändern sich nun während der Reaktionsphase die Stoffanteile der einzelnen Komponenten. Man denke an die Polymerisation von Polyvinylacetat. Am Anfang der Emulsionspolymerisation liegen Wasser, Monomeres (Vac-Vinylacetat, ebenfalls flüssig), Initiator und Stabilisator vor. Durch den Initiator wird die Polymerisation ausgelöst. Aus dem niedermolekularen VAc entstehen Makromoleküle, die sich aneinanderlegen, verknäulen und aus dem Dispersionsmittel Wasser ausfällen. Aufgrund energetischer Bedingungen liegen viele kugelartige Gebilde vor, die durch Stabilisatoren am „Zusammenpappen" gehindert werden. Häufig laufen solche Prozesse in mehrere Meter hohen Behältern ab. Man kennt meist nur die Temperatur, den Druck, die Menge des eingesetzten Stoffs sowie die Drehzahl des Rührers. Was während des ganzen Prozesses vor sich geht, ist häufig noch unklar. Man merkt erst an der schlechten Qualität des Endproduktes, daß es Abweichungen vom „Normalverlauf" gegeben hat. Hier bietet sich dem Ultraschall die große Chance, „beobachtend" in den Prozeß einzugreifen. Am Beispiel des schon häufig erwähnten PVAc soll dies gezeigt ^^werden. Zu Beginn der Polymerisation liegt ein Mehrkomponentensystem vor. Für die Einzelkomponenten muß die Konzentrations- und Temperaturabhängigkeit der Schallgeschwindigkeit bekannt sein, um über den Gesamtprozeß Aussagen treffen zu können. Beschränkt man sich der Einfachheit halber auf die Hauptkomponenten (Wasser, Monomer, Polymer), bedeutet dies, daß zuvor die Temperaturabhängigkeit der Schallgeschwindigkeit aller drei Komponenten und die Abhängigkeit der Schallgeschwindigkeit von der Konzentration der Mischungen Monomer/Wasser, Polymer/Wasser ermittelt werden müssen. In Abb. 38a) wird dies für das System Monomer/Wasser gezeigt. Die Ursachen für die unterschiedlichen Anstiege sind folgende: Bei geringeren Konzentrationen liegt das Monomer

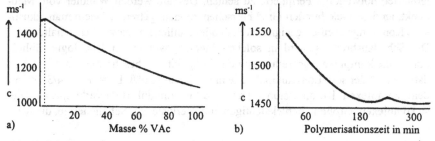

Abb. 38 Schallgeschwindigkeit des Systems Monomer/Wasser a) in Abhängigkeit von der Konzentration des VAc in Prozenten und b) während der Polymerisation nach dem Zulaufverfahren

vollständig gelöst vor, der Anstieg ist positiv. Ab einer gewissen Konzentration ist man außerhalb des Löslichkeitsbereiches, aus dem Anstieg wird ein Abfall. Der Knick kennzeichnet die Löslichkeitsgrenze. Kennt man nun das Verhalten der Einzelkomponenten, kann man dann ein Modell für das Gesamtsystem entwickeln. Das ist nicht immer einfach. Im vorliegenden Fall gilt für die Schallgeschwindigkeit des Gesamtsystems

$$c = c_{Wasser} + k^P(\Delta c/\Delta k)^P + k_L^M (\Delta c/\Delta k)^{M<L} + (k_{ges}^M - k_L^M)(\Delta c/\Delta k)^{M>L},$$

c_{Wasser} ist die Schallgeschwindigkeit in Wasser, k^P die Konzentration an Polymeren, k_L^M die aus Abb. 38a) bekannte Konzentration an der Löslichkeitsgrenze und k_{ges}^M die gesamte Monomerkonzentration. ($\Delta c/\Delta k$) sind die jeweiligen Konzentrationskoeffizienten bezogen auf Wasser, die bekannt sein müssen. Wird nach dem Zulaufverfahren polymerisiert, werden kontinuierlich Monomere zugegeben, erhält man die Kurve in Abb. 38b). Daraus ist sofort eine der Unbekannten in der oben angeführten Gl. berechenbar. Meistens interessiert der Umsatz, die Konzentration k^P. Man kann somit unmittelbar Informationen zum Prozeßzustand aus der Schallgeschwindigkeit erhalten. Da mit der Schallgeschwindigkeit eine digital aufbereitete Größe vorliegt, kann diese von einem Rechner verarbeitet werden und rückwirkend den Prozeß steuern.

Hier ist ein Stoffsystem dargestellt worden. Die Erkenntnisse sind auch auf viele analoge Reaktionen übertragbar. Neben der chemischen Industrie ist die Lebensmittelindustrie von besonderem Interesse. Dem Ultraschall bieten sich noch viele technologische Anwendungsmöglichkeiten.

Eine wichtige Rolle bei vielen Verfahrensschritten spielen hochviskose Medien. Beispiele sind Schmelzprozesse in der Hütten-, Glas- und plastverarbeitenden Industrie. Ultraschallwandler sind nicht bis zu so extrem hohen Temperaturen direkt einsetzbar. Quarze und einige Typen von Keramikwandlern arbeiten bis 500 °C, Lithiumniobatwandler sogar bis etwa 1000 °C. Auch hat man auf die zum Wandlerbetrieb notwendige Peripherie zu achten. Deshalb werden Wandler vom Meßpunkt, an dem viele hundert Grad herrschen können, getrennt, indem man akustische Kopplungen (einen geeigneten Stab oder ähnliches) dazwischen schaltet.

Die Schallausbreitung wird in solchen Medien, wie in der Rheologie[1] üblich, durch eine komplexe Ausbreitungsgeschwindigkeit c_L* beschrieben: $c_L*^2 = L*/\rho$; dabei ist $L*$ der sog. Longitudinalwellenmodul, der gemäß $L* = K* + 4/3\ G*$ mit dem komplexen Kompressions- ($K*$) und Schermodul ($G*$) verknüpft ist. Diese komplexen Größen berücksichtigen die Verluste an Schallenergie, die beim

---

[1] Rheologie ist die Lehre von den Fließerscheinungen, den Gesetzen des Fließens von Flüssigkeiten, Festkörpern und kolloidalen Systemen.

Durchgang durch die Medien in andere Energieformen umgewandelt wird. Wesentlich ist, daß nach Umformung der letzten Gleichung und bei Zugrundelegung von Modellvorstellungen der Realteil von c_L*, die meßbare Schallgeschwindigkeit, proportional zur Viskosität des durchschallten Mediums ist. Dieses Merkmal wird in der industriellen Anwendung ausgenutzt. Als Beispiel sei der Extrusionsprozeß angeführt. Viele Polymere werden im Verarbeitungsprozeß auf Temperaturen bis maximal 300 °C gebracht. Sie werden dadurch flüssig. Die Verarbeitungstemperaturen sind von Polymer zu Polymer recht verschieden. Einmal dürfen sie sich nicht zersetzen und zum anderen wird die Temperaturbeständigkeit oft durch Zusatzstoffe beeinflußt. Das zu verarbeitende Polymer kommt meist als Granulat oder Pulver in die Eintrittsöffnung eines Extruders. In ihm wird es aufgeschmolzen und unter Druck fortbewegt. Am Extruderende befindet sich ein Werkzeug. Das kann eine Einfach-, eine Doppelschnecke, ein Spalt mit nachfolgendem Messer, eine Form oder etwas anderes sein. Was angewendet wird, hängt vom Ziel der Verarbeitung ab. Am Ende kann aber ein Plastteil in bestimmter Form, als Platte, als Faden oder definiertes Granulat vorliegen. Durchsatzmenge, optimale Fahrweise und Endqualität des Produkts hängen entscheidend von der Viskosität der Polymerschmelze ab. Eine Information darüber ist schwer zu erhalten, weil die meisten Methoden in den Kanal direkt eingreifen und damit das Strömungsprofil ändern. Der Ultraschall bietet sich als Ausweg an. Die Laufzeit eines Ultraschallimpulses quer zum Extrusionskanal ist proportional zur Schmelzviskosität. Die Information kann sofort verarbeitet und durch Rückkopplung zur Prozeßsteuerung verwendet werden. Der oder die Schallwandler befinden sich auf oder in der Rohrwandung des Extruders. Sie beeinflussen das Strömungsprofil nicht. Es gibt kommerziell bereits verschiedene Geräte dieser Art, deren Einsatz künftig noch zunehmen wird.

4.3　Ultraschall in der zerstörungsfreien Werkstoffprüfung

Zur industriellen Anwendung des Ultraschalls gehören neben der Prozeßkontrolle und -steuerung die zerstörungsfreie Materialprüfung und Qualitätskontrolle. Lunker, Inhomogenitäten, Risse usw. stören und beeinflussen die Schallausbreitung. In letzter Zeit hat dieses Anwendungsgebiet gegenüber ihrem historischen Vorgänger und Rivalen, der Röntgen-Defektoskopie, erheblich an Bedeutung gewonnen. Schall kann viel weiter in homogene Materialien eindringen. Schall höherer Frequenzen läßt sich „bündeln". Materialstörungen kann man „orten", ihre Lage ist bestimmbar. Hierzu sind neben allen bisher erwähnten weitere geeignete Ver-

fahren (A-, B- und C-Bildverfahren bzw. Anordnungen) ersonnen worden. Ultraschallwandler werden in geeignete Formen eingepaßt und zu „Prüfköpfen". Nor-
malprüfköpfe verwendet man für eine Senkrechteinstrahlung und Winkelprüfköp-
fe, unter Umständen mit einstellbarer Einstrahlrichtung, für eine Schrägeinstrah-
lung. Die eingearbeiteten Wandler haben üblicherweise einen Durchmesser von
0,5 bis etwa 5 cm. Zwei Untersuchungsrichtungen sind zu unterscheiden. Einmal
kann aus der Messung von Geschwindigkeit und Absorption eine integrale Information über die Struktur, die Qualität des hergestellten Stoffes gewonnen werden,
zum anderen liefert der Ultraschall augenblicklich eine Aussage zu Eigenschaften
von Verbunden, der Festigkeit von Schweißnähten u.a. Das rechtzeitige Erkennen
der mechanischen Festigkeit ermöglicht die Aussonderung fehlerhafter Werkstük-
ke und die schnelle Wiederholung von Schweißungen, verhindert somit den Einsatz fehlerhafter Materialien, erhöht die Betriebssicherheit von Maschinen und
Anlagen und wird so zu einem wesentlichen wirtschaftlichen Faktor. Die Prüfung
von Materialien ist eine „diagnostische" Methode, sie arbeitet mit sehr geringen
Intensitäten und erfolgt meistens mit Impulsverfahren.

Ein A-Bild (A- amplitudenmodulierte Darstellung) wird durch das Impuls-Echo-
Verfahren (Abb. 17b) geliefert. Die Beurteilung der erhaltenen Echos erfordert
einen erfahrenen Prüfer. Die Echos erlauben eine Aussage über die Tiefenlage des
Fehlers, seine Art und Größe sowie die Differenzierung zwischen Störsignalen
und tatsächlichen Fehlerechos. Von Nachteil sind die Unanschaulichkeit und der
Zeitaufwand beim Abtasten großer Flächen.

Geübte Praxis ist die Anwendung dieses Verfahren zur Ausmessung von *Bohrlöchern* und für seismische Erkundungen. Man arbeitet, um zu große Dämpfungen
zu vermeiden, mit Schallfrequenzen von etwa 25 kHz. Bei der Ausmessung von
Bohrlöchern versucht man eine lückenlose Übersicht über die Güte der Bohr-
lochwand zu erzielen. Dazu rotieren in einer bestimmten Entfernung voneinander
zwei magnetostriktive Wandler, die wechselseitig angeregt werden, um die Achse
der Bohrlochsonde. Gesucht werden Risse, Lunker und Abrißstellen im Zement,
der das Bohrloch stabilisiert. Meist werden die Empfangssignale nur von einem
Empfänger aufgenommen. Auch Deformationen in der Rohrtour, die zu einer ex-
zentrischen Lage der Sonde in der Verrohrung und einem ovalen Rohrbereich führen, kann man feststellen. Nach dem selben Prinzip arbeitet man übrigens auch bei
der Ultraschall-Endoskopie des Magen-Darmtrakts.

Bei *seismischen Erkundungen* wird dem Gebirge ein elastisches Wellenfeld aufgeprägt, das impulsförmig sein kann (Ultraschall, Hammerschlag). Für das ausge-
sandte Signal werden Weg, Zeit, Amplitudenabnahme und die Frequenzcharakte-
ristik vermessen. Man prüft so den statischen Spannungszustand. Eine dynamische Spannungszustandsänderung infolge des einfallenden Schalls ist vernachläs-
sigbar. Die Messung der Primärspannung im Gebirge ist nicht möglich. Es gelingt

jedoch die Feststellung sekundärer Veränderungen der räumlichen Verteilung vorhandener statischer Spannungsfelder, auch in Abhängigkeit von der Zeit. Das kann wichtig sein bei der Lagerung von Gas o.ä. in Schächten, der Soleverfüllung und unter Umständen bis hin zu Erdbebenwarnungen.

Modellversuche mit Ultraschall dazu erfolgen in Laboratorien, indem an kluftarmen Handstücken oder Bohrkernen die Änderung der elastischen Eigenschaften unter Druck (uniaxial, hydrostatisch), und zwar sowohl bei Be- wie Entlastung, sowie in Abhängigkeit von der Temperatur bestimmt wird. Die dadurch gewonnenen Ergebnisse dienen als Grundlagen u.a. für die Untersuchung der Speichereigenschaften von Sediment- und Metamorphgesteinen. Auch erfolgen Messungen unmittelbar in Grubenbauen, um deren Sicherheit zu überprüfen.

Die B-Verfahren (B - brightness - Helligkeit) liefern ein vollständiges Schnittbild des Objekts. Im einfachsten Fall benötigt man einen Wandler und dazu einen Speicheroszillographen. Der Wandler wird auf dem Prüfobjekt langsam verschoben, die Echos bzw. deren Amplitudenendpunkte werden vom Oszillographen nebeneinander gespeichert. Zu einem geeigneten Zeitpunkt werden die Amplitudenendpunkte auf dem Oszillographenschirm hell getastet. So erhält man ein geeignetes Schnittbild. Im Kapitel 4.6.1 wird noch einmal auf eine andere B-Bild-Gewinnung eingegangen.

Die C-Darstellung (C - compound-contact - langsames Bildverfahren) liefert ein flächenhaftes Bild. Im Prinzip wird der Prüfling in einem geeigneten Koordinatensystem abgetastet. Elektronisch wird ein bestimmtes Zeitintervall nach Aussenden des Prüfimpulses herausgegriffen, damit ist die zu analysierende Probenfläche in der vorgegebenen Tiefe festgelegt. Man bekommt also gewissermaßen Schichten als helle oder graue Fläche zu sehen.

Als Beispiel für eine Qualitätsaussage mit Ultraschall sei folgendes angeführt. Es ist bekannt, daß ein Zusammenhang zwischen Härte von Stählen und der Longi-

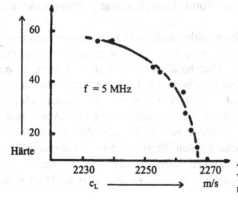

Abb. 39 Zusammenhang zwischen Härte von Stahl (Rockwellzahl) und longitudinaler Ultraschallgeschwindigkeit

tudinalwellengeschwindigkeit besteht (Abb. 39). Dies nutzt man aus, indem an Stahlblöcken mit zwei Wandlern direkt die Laufzeit von Schallimpulsen gemessen wird und dann eine Aussage zur Härte erfolgt. Liegen Zylinderformen vor, wird mit Oberflächenwellen angeregt und die Longitudinalgeschwindigkeit berechnet. Im Gußeisen können Graphiteinschlüsse, die sich nach Größe, Form und Verteilung unterscheiden, vorliegen. Sie haben entscheidenden Einfluß auf die Qualität des Gußeisens, beeinflussen erheblich seine Festigkeit und Nachgiebigkeit. Auch hier ist die Ultraschallgeschwindigkeit ein empfindlicher Indikator. Schon geringe Geschwindigkeitsänderungen weisen auf große Änderungen in der Festigkeit hin. Ultraschall wird zur Kontrolle des thermischen Ausdehnungskoeffizienten von Glas verwendet. Sowohl seine Absorption als auch Geschwindigkeit sind mit diesem korreliert, ein sehr einfaches und genaues Verfahren zur Qualitätskontrolle.

Der zweite Komplex ist auf die Anwendung des Ultraschalls zur zerstörungsfreien Werkstoffprüfung von Schweißnähten, zur Beobachtung des Schweißvorganges und der Beurteilung von Verbunden ausgerichtet. Zur Schweißnahtprüfung werden häufig Impulsverfahren angewendet. Eventuelle Lunker oder andere Inhomogenitäten können leicht am Impulsbild durch zusätzliche Echos (Reflexionen) festgestellt werden. Dafür gibt es viele kommerzielle Geräte.

Neue Entwicklungen auf diesem Gebiet sind dadurch gekennzeichnet, daß komplizierte Wandler eingesetzt werden, die z.B. einen wählbaren Winkelbereich überstreichen. Mit Mikroprozessoren ausgestattete Geräte können dann äußerst vielgestaltige Auswertungen ermöglichen. Form, Größe, Verteilung der Einschlüsse oder Fehlstellen können ermittelt werden, wenn nicht nur die Amplitude, sondern auch das Frequenzspektrum der erhaltenen Signale analysiert wird. Beim Schweißprozeß ist die Größe der Schmelzzone der zu verbindenden Stoffe entscheidend. Dazu liefert die Schallgeschwindigkeit beim Elektroschweißen eine Information. In einer Elektrode befindet sich ein Wandler. Gearbeitet wird im Impuls-Echo-Verfahren. Die erhaltenen Impulse informieren über das Wachstum des „Schmelzklumpens", seine Größe und Form. Danach können Stromstärke und Schweißzeit reguliert werden.

Zu den zerstörungsfreien Prüfverfahren zählen auch *Schichtdickenmessungen* von Lack-, Farb- und anderen Schichten auf verschiedenen Materialien mit extra entwickelten Schichtdickenmeßgeräten. Manchmal ist es nützlich zu wissen, ob ein Auto noch seine Erstlackschichten hat oder bereits z.B. nach einem Unfall ausgebessert und nachlackiert wurde. Solche Schichtdickenmesser erlauben nämlich sowohl die Messung der Gesamtdicke einer Lackierung als auch die Ausmessung der einzelnen Schichten eines Vielschichtsystems. Im Prinzip arbeiten sie wie ein Impulsecholot. Die einzelnen Lackschichten besitzen meist unterschiedliche Schallkennwiderstände, so daß Reflexionen auftreten, die vom Wandler wieder aufgefangen und dann elektronisch weiter verarbeitet werden. Aus der Impulslaufzeit bestimmt man die Schichtdicke. Mit geeigneten Schallfrequenzen kann man Einfachschichten von 10 μm bis 500 μm und Mehrfachschichten bis 500 μm Schichtdicke ausmessen.

Im Flugzeugbau spielen viele Materialkombinationen eine zunehmend wichtige Rolle. Bei deren Einsatz kommt es sehr auf die Qualität ihrer Verbunde an. Zu ihrer Prüfung werden nun verstärkt Ultraschallverfahren angewendet. Dabei kommen verschiedene Wellenarten zum Einsatz.

Zum Testen von Haftverbunden verwendet man auch die sog. *akustische Emission*. Das ist eine „passive" Technik, die in den letzten Jahren enorm an Bedeutung gewonnen hat. Bei dieser Technik gibt es keinen Schallsender, sondern nur einen Empfänger. Dieser „hört" die elastischen Wellen, die von einem Objekt emittiert werden, das unter mechanischer Spannung steht. Die Ursachen für das Entstehen der elastischen Wellen können, wenn sie über 20 kHz liegen, sehr komplex sein und hängen stark von der Materialart ab. Darüber soll hier nicht geschrieben werden. Etwa analog arbeitet man mit Erdbebenwarnsystemen, allerdings im Bereich des Infraschalls.

Kompliziert sind die Verhältnisse in technischen Anlagen. Meist werden diese mit einer Vielzahl verschiedenartiger akustischer Sensoren bestückt, die neben der Prozeßüberwachung vor allem eine Schadenfrüherkennung ermöglichen sollen. Schon die laufenden Anlagen selbst erzeugen eine Unmenge von Störgeräuschen und nun soll man noch auf einen Schaden aufmerksam werden und diesen auch orten. Das erfordert recht komplizierte *Leckortungssysteme*, die meist patentrechtlich geschützt sind. Zu den vom System bei richtigem Lauf erzeugten Tönen kommen im Schadensfall neue hinzu. Das „Klangbild" ändert sich. Manchmal vergleicht man dann das neue Klangbild mit ursprünglichen Modellen oder Mustern, um festzustellen, an welchem Ort die neuen, zusätzlichen Töne erzeugt werden. Tritt nun bei Deformation oder Dehnung ein Bruch des Verbundes auf, den ein Mensch optisch oder akustisch überhaupt noch nicht registriert, spürt ihn der Wandler bei der akustischen Emission sofort. Die akustische Emission reagiert sehr empfindlich. Das Verfahren wird überall dort eingesetzt, wo Werkstoffe unter Druck oder mechanischer Spannung stehen oder Werkstoffschäden sofort erkannt werden müssen. Ein sehr wichtiges Einsatzgebiet sind deshalb Kernkraftwerke mit ihren Druckwasserreaktoren. Selbst Werkzeugmaschinen werden damit auf ihre Dauerbelastbarkeit geprüft. Patentrecherchen weisen darauf hin, daß mit verbesserter Wandlertechnik und moderner Auswerteelektronik die Ultraschallanwendung auf vielen industriellen Gebieten im Vormarsch ist. So gibt es einsetzbare Verfahren zum Nachweis von Verwitterungseffekten im Holz, zur Messung der Druckfestigkeit von Zementschlammproben, zur Untersuchung der Reinheit von Nahrungsmitteln und vieles andere mehr.

4.4 Ultraschall in Elektronik, Mikroelektronik und Signaltechnik

Einige Eigenschaften des Ultra- und Hyperschalls werden in der Elektronik, Mikroelektronik und Nachrichtentechnik bei der Herstellung von aktiven und passiven Bauelementen zur Umwandlung und Verarbeitung hochfrequenter elektronischer Signale angewandt. Meist liegen die Signale in Form elektrischer Ströme und Spannungen vor, es können aber auch andere nichtelektrische (optische, akustische o.ä.) Größen sein. Sie sind dann zu modulieren, zu verzögern oder ihr Frequenzspektrum ist zu verändern. Um das zu erreichen, sind bereits Geräte entwickelt worden (zur Kontrolle und Herstellung elektro- und mikroelektronischer Bauelemente und Schaltkreise), die im wesentlichen Effekte nutzen, die auf den Eigenschaften von Ultraschall basieren.

Die Anwendung von Ultra- und Hyperschallwellen hat ihre Hauptursachen in ihrer gegenüber der Lichtgeschwindigkeit weit geringeren Ausbreitungsgeschwindigkeit in festen Stoffen, in verschiedenen Möglichkeiten der Wechselwirkung mit den Elektronen im Kristall, in nichtlinearen Wechselwirkungen und der geringen Dämpfung von Ultraschall in Kristallen. Im weitesten Sinne gehört dazu auch der Einsatz elektromechanischer Schwinger als frequenzbestimmende und frequenzstabilisierende Bauelemente.

Es gibt Bauelemente, die es ermöglichen elektronische Signale zu verzögern. Sie ändern auch deren Länge, Frequenzen, Phasen und Amplituden oder führen noch kompliziertere Wandlungen durch. Es gibt sogar Fälle, wo es zum Einsatz akustischer Bauelemente keine Alternative gibt. Akustische Bauelemente besitzen dazu noch den technologischen Vorteil, in Massen produziert werden zu können.

Für die Konstruktion von Bauelementen nutzt man auch die speziellen Eigenschaften von longitudinalen und transversalen Volumen- und Oberflächenwellen aus. Oberflächenwellen haben die Vorteile, daß sie nahezu verlustlos erregt und empfangen werden können und es möglich ist, Wellenfronten zu erzeugen, die sich in gewünschte räumliche Richtungen steuern lassen. Deshalb basieren wohl die meisten akustischen Bauelemente auf der Anwendung von Oberflächenwellen. Akustische Verstärker und Generatoren zählen zu den aktiven Bauelementen.

Als Beispiele für passive Bauelemente werden eine Ultraschallverzögerungsleitung und ein Oberflächenfilter besprochen. Das Ultraschallmikroskop, ein Ultraschallschweißgerät und ein Ultraschallmotor werden als Gerätebeispiele ausgewählt.

Optische Glasfasern mit der dazugehörigen Technik stellen eine nicht uninteressante, zusätzliche und sicherlich zukunftsträchtige Möglichkeit der Signalverarbeitung und Übertragung dar. Sie ergänzen in geeigneter Weise die bereits vorhandenen.

4.4.1 Ultraschallverzögerungsleitung

Die Verarbeitung oder dynamische Speicherung elektrischer Signale in der Radar- und Sonartechnik oder in Farbfernsehsystemen machen oft Verzögerungen einiger Signale gegenüber anderen notwendig. Eine Möglichkeit zur Realisierung dieser Verzögerungen bieten *Ultraschallverzögerungsleitungen* (Abb. 40). Elektrische Netzwerke erlauben nur sehr geringe Verzögerungszeiten. Weil nun die Ausbreitungsgeschwindigkeit von Schallwellen in Festkörpern zehn- bis hunderttausendmal kleiner ist als die Ausbreitungsgeschwindigkeit elektromagnetischer Wellen (Signale) im Vakuum oder längs Drähten, benutzt man den reziproken piezoelektrischen Effekt, formt elektrische Signale in mechanische um und läßt diese dann einen akustischen Laufzeitkörper durchlaufen. Als akustische Signalträger können Oberflächen- und Volumenwellen genutzt werden. Nach Durchlaufen des Festkör-

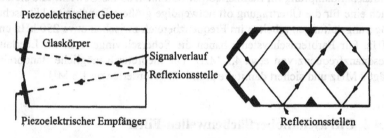

a)   b)

Abb. 40 Prinzipieller Aufbau einer Ultraschallverzögerungsleitung mit V-förmiger Schallausbreitung a) und unter Ausnutzung von Reflexionen an den Begrenzungen b) für Volumenwellen

pers wandelt man über den direkten piezoelektrischen Effekt die mechanischen Signale wieder in elektrische um. Für elektronische Systeme braucht man Bauelemente möglichst geringer Ausmaße. Das gilt auch für die akustischen Verzögerungsleitungen. Deshalb muß man je nach der zu nutzenden Wellenart und Frequenz entscheiden, welche Form der Verzögerungsleitung (dünner Stab, dicker Stab, blockförmiger Körper, Abb. 40), welches Material (Glas, Quarz, Metall) und welche Ankopplung für welche Wandlerart man wählt. Das erfordert Kenntnisse über die akustische Anpassung der Wandler an die Wellenleiter, der Dispersionseigenschaften der Materialien, ihrer Schallabsorption, elastischen Koeffizienten usw. Meist bestehen die Laufzeitkörper aus temperaturstabilisiertem Glas. Die im Resonanzfall betriebenen piezoelektrischen Wandler sind an einer Frontfläche des Laufzeitkörpers angekoppelt. Der Schallweg im Beispiel der Abb. 40a) beträgt etwa 16 cm. Bei einer angenommenen Schallgeschwindigkeit von 3000 m/s im Glas bedeutet dies, daß das Signal nach Rückumwandlung eine Zeitverzögerung von etwa 53 µs erfahren hat. Elektromagnetische Wellen müßten, um die gleiche Verzögerung zu erleiden, eine Wegstrecke von nahezu 16 km durchlaufen. Verzögerungszeiten von einigen 100 µs erreicht man, indem man Mehrfachreflexionen im Schalleiter (Abb. 40b) zuläßt, also eine größere Laufstrecke vorgibt oder Material mit noch geringerer Ausbreitungsgeschwindigkeit einsetzt. Verzögerungszeiten bis etwa 1 µs realisiert man durch reine elektrische Bauelemente. Größtenteils wählt man für Ultraschallverzögerungsleitungen aus mehreren Gründen Transversalwellen aus, die durch Scherschwinger angeregt werden. Sie haben eine geringere Ausbreitungsgeschwindigkeit in Festkörpern als Longitudinalwellen. In Plexiglas ist diese etwa halb so groß. Ferner gestaltet sich die technische Nutzung der Reflexionsbedingungen übersichtlicher. Es kommt nicht zur Anregung von Longitudinalwellen bei der Reflexion, wenn man dafür sorgt, daß die Polarisationsebene der Scherwellen parallel zur reflektierenden Wandfläche des Laufzeitkörpers verläuft. Scherschwinger übertragen auch mehr an Leistung, die Ultraschalldämpfung im Laufzeitkörper fällt nicht so ins Gewicht und sie besitzen auch eine für die Übertragung oft notwendige größere Bandbreite. Ultraschallverzögerungsleitungen arbeiten im Frequenzbereich zwischen etwa 250 kHz und 100 MHz. Für Farbfernsehsysteme haben die Scherschwinger z.B. im Leerlauf eine Resonanzfrequenz von etwa 4,2 MHz. Die theoretisch mögliche Bandbreite beträgt 2 MHz und sichert damit die praktisch geforderte von 1,8 MHz.

4.4.2 Ultraschalloberflächenwellen-Filter

In der Elektronik versteht man unter Filter Bauelemente, die nur für einen definierten Frequenzbereich durchlässig sind. Signale können selektiert und beeinflußt werden. In der jüngsten Vergangenheit galten viele Untersuchungen den Eigenschaften, der Erzeugung und Ausbreitung von Oberflächenwellen. Anfangs wurden in der Nachrichtentechnik L,C-Filter und mechanische Resonatoren eingesetzt. Mechanische Resonatoren (Volumenresonanzen) dienen der Erhöhung der Frequenzstabilität und besseren Frequenzselektion. Meist werden dazu Quarzresonatoren in unterschiedlichen Kombinationen mit Blindschaltelementen (Kapazitäten und Induktivitäten) in Brückenschaltungen eingesetzt. Die Vorteile elektromechanischer Filter gegenüber reinen L,C-Filtern sind vielfältig. Sie sind kleiner, billiger in der Herstellung, unempfindlich gegenüber dem Einfluß magnetischer Felder, meist fest abgestimmt, besitzen eine hohe Selektion bei gleicher Bandbreite, zeigen höhere thermische sowie zeitliche Stabilität in ihren physikalischen Parametern, verbunden mit einer oft geringeren Grunddämpfung.

Ein gewisser, vor allem durch die Herstellung bedingter Nachteil, insbesondere bei keramischen Materialien, ist die nicht strenge Reproduzierbarkeit des Temperaturganges der physikalischen Eigenschaften. Meist gelingt es jedoch, angeregte Störresonanzen durch geschickte Kunstgriffe zu dämpfen.

Ein qualitativ anderer Filtertyp sind die *Oberflächenwellenfilter* (OWF). Mit Hilfe spezieller Wandler (s. Abb. 41) werden in piezoelektrischen Materialien Oberflä-

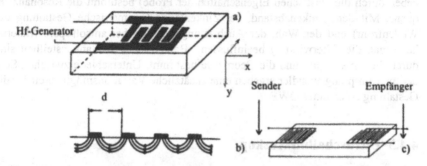

Abb. 41 Oberflächenwellenfilter mit einer möglichen Elektrodenkonfiguration (Interdigitalwandler) a), der entsprechenden elektrischen Feldverteilung von Zinkenpaar zu Zinkenpaar b) und ihre mögliche Anordnung als Sende- und Empfangswandler c)

chenwellen erregt. Diese breiten sich nur in einer Oberflächenschicht des piezoelektrischen Materials aus. Die Eindringtiefe der hochfrequenten mechanischen Wellen ist mit $\approx \lambda$ sehr gering. Die Frequenz durch äußere mechanische Wandler erregter Oberflächenwellen ist begrenzt. Sie beträgt maximal etwa 50 MHz. Bei direkter piezoelektrischer Anregung gelingt es, OWF mit Frequenzen bis in den GHz-Bereich herzustellen. Abb. 41a) zeigt eine mögliche Elektrodenkonfiguration zur Erzeugung und Abnahme von Oberflächenwellen auf einem piezoelektrischen Plättchen.

Die elektrische Spannung hoher Frequenz wird, vom Generator kommend, an die Kammelektroden, die in der dargestellten Weise ineinander greifen, so angelegt, daß die Richtung des elektrischen Feldes von Zinkenpaar zu Zinkenpaar wechselt (Abb. 41b). Unter Ausnutzung des reziproken piezoelektrischen Effektes werden mechanische Deformationen an der Oberfläche erregt. Die Materialdicke muß größer als die Eindringtiefe der Oberflächenwellen und mechanisch genügend stabil sein. Die Kammelektroden werden auf das Substrat (piezoelektrisches Plättchen) aufgedampft. Beträgt der Abstand benachbarter Elektroden d, dann ist die räumliche Periode des elektrischen Feldes 2d gleich der Wellenlänge der Grundwelle. Sie bestimmt zusammen mit den elastischen Materialeigenschaften die Grundarbeitsfrequenz des Generators. Die Elektrodenzone erregt im Resonanzfall, wenn die Zinkenpaare phasenrichtig arbeiten, eine stehende Rayleighwelle an der Oberfläche, die auch die Abnahmeelektrode erreicht. Hier erregt die periodische elastische Deformation in den Elektroden infolge des direkten piezoelektrischen

Effektes eine elektrische Wechselspannung. Ist der Abnahmewandler so konstru-
iert wie die Erregerelektrode, hat man ideale symmetrische Verhältnisse. Der Filter ist für die Resonanzfrequenz durchlässig. Störende Nebenfrequenzen lassen
sich unterdrücken. Die Ausbreitungsgeschwindigkeit der Oberflächenwellen (gegeben durch die elastischen Eigenschaften der Probe) bestimmt die Resonanzfrequenz. Mit dem Zinkenabstand, der Zinkenlänge (geometrische Gestaltung der
Wellenfront) und der Wahl der Ausbreitungsrichtung bei anisotropem Material
kann man die Filterwirkung beeinflussen. Bandbreite und Flankensteilheit sind
durch die Zinkenwahl und die Geometrie bestimmt. Unterschiede zwischen Sen-
de- und Empfangswandler ergeben eine zusätzliche Variationsmöglichkeit für die
Gestaltung solch eines OWF.

4.4.3 Ultraschallmikroskop

Das Mikroskop ist ein Instrument, mit dem von einem sehr kleinen, für das Auge
kaum mehr wahrnehmbaren Objekt, ein deutlich vergrößertes Bild erzeugt wird.
In Analogie zur Optik hat man lange versucht, ein akustisches „Ebenbild" zu
schaffen. Das Hautproblem war die Erzeugung höchstfrequenten Schalles. Erst als
man in der Lage war, Hyperschall zu erzeugen, gelang die Konstruktion eines
akustischen Mikroskopes. Die Struktur des Objektes wird durch das Mikroskop
sichtbar, sie wird aufgelöst. Das *Auflösungsvermögen* eines Mikroskopes, zwei
Punkte noch als getrennt wahrnehmen zu können, ist um so größer, je größer die
Brechzahlen und je kleiner die Wellenlänge λ ist und auf letztere kam es an.
In Luft oder anderen durchsichtigen Stoffen sind wir es gewöhnt, mit dem optischen Mikroskop zu arbeiten. Schallwellen werden in Luft und in Gasen stark
gedämpft. Ihre Reichweite ist gering. In Festkörpern und Flüssigkeiten können sie
jedoch eindringen, auch wenn diese optisch undurchsichtig sind. Schallwellen besitzen hier gegenüber Lichtwellen einen entscheidenden Vorteil.
Das Ziel war daher, Schallwellen höchster Frequenzen von einigen Milliarden
Hertz zu erzeugen, dann hätten nämlich die Wellen im Festkörper eine Länge von
millionstel Metern. Damit könnte man dann versuchen, ein Mikroskop zu kon-
struieren, das ein ähnliches Auflösungsvermögen wie ein Lichtmikroskop besitzt.
Es kann dazu noch Informationen aus dem Innern von undurchsichtigen Stoffen
liefern. Lichtwellen- und Schallwellenlängen sind jetzt miteinander vergleichbar.
Im Wasser beträgt bei 3 Milliarden Hertz (3 GHz) die akustische Wellenlänge 520
milliardstel Meter (520 nm), das ist nur etwas geringer als die optische Wellenlänge von 550 nm des grünen Lichtes. Die technische Entwicklung solcher Instrumente hat sich in den siebziger und achtziger Jahren vollzogen.

Am Beispiel des Mikroskopes nach *C. F. Quate* und dessen Nachfolgern soll das Prinzip erläutert werden. Die Bilderzeugung im Lichtmikroskop hängt mit der unterschiedlichen Brechung im untersuchten Objekt zusammen. Der Kontrast in akustischen Bildern gibt die Verteilung thermischer und elastischer Eigenschaften der Probe wieder. Mit dem akustischen Mikroskop werden Objekte deutlich, die sich in ihren elastischen Eigenschaften unterscheiden. Beim Ultraschall ermöglicht der an Grenzflächen unterschiedlicher akustischer Impedanz reflektierte Schall den Aufbau eines Bildes. Lichtmikroskop und Ultraschallmikroskop sind keine Konkurrenten, sondern ergänzen einander.

Das Mikroskop ist ein abbildendes Element. Bei der Abbildung eines Gegenstandes wird jedem seiner Dingpunkte ein Bildpunkt zugeordnet. Beim akustischen Mikroskop benötigt man im einfachsten Fall (Reflexionsmikroskop) nur eine Linse. Überhaupt wird das abbildende System einfacher als beim Lichtmikroskop (siehe Abb. 42). Abbildungsfehler spielen eine weniger große Rolle.

Zentrales Fokussierungselement des Ultraschallmikroskops ist eine *konkave Linse*, eine kugelförmige nach innen gewölbte Saphirfläche (Abb. 42a, linker Teil). Die Brennweite dieser Linse beträgt $f = r/(1-c_1/c_2)$, r ist der Radius der Hohlkugel, in welche die Linse strahlt, c_1 die Schallgeschwindigkeit im Linsenmaterial (Saphir) und c_2 die im akustischen Koppelmedium (Flüssigkeit). Diese Formel gilt, wenn die Linsenabmessungen gegenüber der Wellenlänge groß sind und wenn die Apertur - das Produkt aus Brechzahl n und dem Sinus des halben Öffnungswinkels u, nämlich n·sinu - klein ist.

Umgebendes Medium ist oft Wasser. Der Kugeldurchmesser der Linse beträgt ungefähr 80 millionstel Meter ($\approx 80\ \mu m$). Die Schallwellen gelangen (in Abb. 42 von links) vom Saphir in das Wasser und werden beim Übergang Saphir-Wasser gebrochen. Da die Unterschiede der Schallgeschwindigkeiten beim Übergang fest-flüssig viel größer sind (bis zum Zehnfachen) als die Differenzen der Lichtgeschwindigkeiten (Brechungsindex n = 1,9), erfolgt eine viel stärkere Brechung der Wellen. Die Ausbreitungsgeschwindigkeit von Schall in Saphir ist z.B. 7,5 mal größer als die in Wasser. Die Brechung ist so stark, daß der Brennpunkt in der Nähe des Krümmungsmittelpunktes der Linse liegt ($f \approx 46\mu m$). Infolge der starken Brechung sind wiederum die Abbildungsfehler klein. Durch geeignete Maßnahmen kann man diese Fehler außerdem noch weiter verringern.

Erzeugt werden die Ultraschallwellen im Saphir durch einen piezoelektrischen Wandler, eine durch Katodenzerstäubung aufgebrachte Schicht aus Zinkoxid. Vorher wird die Saphirfläche metallisiert, anschließend die Zinkoxidschicht (in Abb. 42a die linke Oberfläche). An den piezoelektrischen Wandler legt man ein Hochfrequenzfeld mit Frequenzen zwischen 100 MHz bis 3 GHz an. Die Hochfrequenz wird dem Wandler in Impulsen von 20 ns bis 100 ns Dauer zugeführt. Der zu untersuchende Gegenstand wird so vor die Linse gebracht, daß er sich in deren

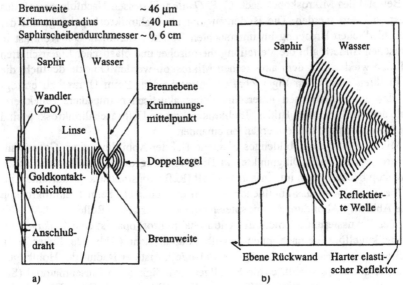

Brennweite   ~ 46 μm
Krümmungsradius   ~ 40 μm
Saphirscheibendurchmesser ~ 0, 6 cm

a)   b)

Abb. 42 Zur Wirkungsweise des akustischen Mikroskops mit der Linse als Fokussierungselement a) und zur Erzeugung eines Gangunterschiedes von λ beim Auftreffen akustischer Wellen auf einen harten elastischen Reflektor b)

Brennpunkt befindet. Ein vollständiges Bild des Objekts erhält man, indem es eine definierte (z.B. zickzackförmige) Bewegung ausführt, egal ob man in Transmission - hier muß man sich Abb. 42a) symmetrisch nach rechts ergänzt denken - oder in Reflexion arbeitet. Die Frequenz, mit der das Objekt so mechanisch zeilenweise abgetastet wird, ist vergleichsweise niedrig. Das auf diese Weise gewonnene Bild nennt man Rasterbild. Um für unser Auge eine Bilddarstellung zu erhalten, werden die empfangenen Signale elektronisch weiterverarbeitet. Dazu sind die Einzelinformationen so lange elektronisch zu speichern, bis die mechanische Abtastung des gesamten zu prüfenden Gegenstandes beendet ist. Für das Auge werden die Informationen dann auf einmal geschlossen auf einen Fernsehschirm gegeben.

Wie gewinnt man die interessierenden Informationen vom Objekt? Sie stecken in den reflektierten bzw. durchgelassenen Ultraschallwellen. Durch den Vorgang der Reflexion werden diese Informationen den Wellen „aufgeprägt", ähnliches erfolgt beim Durchschallverfahren. Die Arbeiten in Reflexion können nur erfolgen, wenn tatsächlich Energie vom Objekt reflektiert wird. Sind die akustischen Impedanzen aneinandergrenzender Medien gleich, kommt es zu keiner Reflexion. Das ist z.B. der Fall an der Grenzfläche von Wasser (ρ_w = 1,0 gcm^{-3}; c_w = 1494 ms^{-1}) und

Tetrachlorkohlenstoff ($\rho_T = 1,59$ gcm^{-3}; $c_T = 928$ ms^{-1}). Beim senkrechten Auftreffen von Schallwellen aus dem Wasser auf einen akustisch harten Körper kommt es zur Reflexion ohne Phasensprung an dessen Oberfläche. Einfallende und reflektierte Welle sind „in Phase". Bei Schrägeinfall der Wellen auf die Körperoberfläche gibt es einen kritischen Winkel, bei dem Totalreflexion eintritt. Die einfallende Welle regt im Untersuchungsobjekt eine neue Schallwelle an, die ihrerseits an der inneren Oberfläche des Untersuchungsobjekts total reflektiert wird und das Objekt nicht verlassen kann. Ein Teil der Schallenergie bleibt im untersuchten Körper. Die Folge ist, daß die von der äußeren Oberfläche des Untersuchungsgegenstandes reflektierte Welle gegenüber der einfallenden phasenverschoben ist. Auf dem Phasenunterschied zwischen einfallender und reflektierter Welle beim kritischen Winkel beruht die Bildgewinnung des akustischen Mikroskopes. Da sich im vorliegenden Falle das Objekt immer in der Brennebene der Linse bewegt, formt die Mikroskoplinse die reflektierten und verzerrten Kugelwellen in nahezu ebene, aber verzerrte Wellen um. Diese Wellen gelangen durch die Saphirscheibe zu dem piezoelektrischen Material, das nun als Empfänger dient. Jede Wellenverzerrung ändert das Ausgangssignal des Detektors (Abb. 42b). Somit registriert der Empfänger die Lage der Inhomogenitäten. Befindet sich das Objekt nicht genau in der Brennebene der Linse, erreichen die Ultraschallwellen die Störungen mit mehr oder weniger stark unterschiedlicher Krümmung. Auch darauf reagiert der Detektor. So kann man z.B. Schwankungen in Schichtdicken feststellen. Solange man bei dem Prinzip bleibt, daß der Gegenstand an der Linse vorbei bewegt wird, benötigt man als Schallübertragungsmedium eine Flüssigkeit. Beim Durchgang durch die Flüssigkeit wird die Schallwelle gedämpft. Das Auflösungsvermögen des Mikroskops wird beeinträchtigt. Deshalb ist man bestrebt, ein Koppelmedium zu finden, dessen Dämpfung vergleichsweise gering ist und die zu untersuchenden Objekte oder Präparate nicht beeinträchtigt.

Es gibt noch andere Abbildungstechniken, z.B. Phasenkontrastabbildungen, holographische und tomographische Verfahren. Die technischen Prinzipien sind von der Optik her vielfach geläufig und im Einzelfall recht kompliziert. Was akustische Mikroskope zu leisten in der Lage sind, erkennt man besten, wenn man akustische Bilder mit optischen Mikroaufnahmen vergleicht. Heute gibt eine breite Vielfalt akustischer Mikroskope.

Vorteilhaft sind akustische Mikroskope in der biologischen und medizinischen Forschung. Viele Strukturen lebender Zellen haben Abmessungen im Mikrometerbereich. Kleine Strukturelemente unterscheiden sich häufig stark in ihren elastischen Eigenschaften. Da die Proben im Wasser eingebettet sind und weder getrocknet noch angefärbt oder einem Vakuum ausgesetzt werden müssen, ist die Untersuchung an lebendem Material möglich.

Besonders geeignet sind akustische Mikroskope auch in der Elektronik, bei der Untersuchung der Güte von Leitungsbahnen mikroelektronischer Schaltkreise u.a. (Abb. 43). Durch eine Änderung des Abstandes zwischen Objekt und Linse erkennt man Einzelheiten in unterschiedlichen Objekttiefen. Die gewonnenen akustischen Bilder sind auch kontrastreicher als optische Aufnahmen.

Abb. 43 Ultraschallbild eines Halbleiterchips, überlassen von Dr. U. Straube, Physikalisches Institut der Martin-Luther-Universität Halle-Wittenberg. Man erkennt die Lage des Chips und seine Verbindungen im Schaltkreis

Als weitere Einsatzgebiete seien die zerstörungsfreie Werkstoffprüfung, die Prüfung von Metalloberflächen und die Untersuchung von Festkörpern auf verschiedene Zustände (Phasen) hin genannt.

4.4.4 Ultraschallmotor

Erste Berichte über die Entwicklung von *Ultraschallmotoren* gab es in den siebziger Jahren. Heute existieren bereits mehrere Typen. Ihre Grundkonstruktion be-

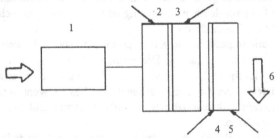

Abb. 44 Grundkonstruktion eines Ultraschallmotors: 1-Hochfrequenznetzteil, 2-piezoelektrischer Erreger, 3-elastischer Vibrator (2, 3 bilden zusammen den Schwingungsteil), 4-Dämpfungsschicht, 5-elastischer Gleiter (4, 5 bilden zusammen den Gleiter), 6-mechanische Ausgangsleistung

steht aus einem Hochfrequenznetzteil, einem Schwingungsteil und einem Gleiter (Abb. 44). Der Hochfrequenzgenerator erzeugt eine sinusförmige Wechselspannung mit der Eigenfrequenz des elastischen Vibrators. Dieser ist wiederum auf die

Eigenfrequenz des Ultraschallerregers abgestimmt. Damit ist eine höchstmögliche Energieumsetzung gesichert. Der Schwingungserreger besteht aus piezoelektrischen Elementen, die oft in Sandwichbauweise zusammengehaltert und in der Lage sind, eine elektrische Eingangsenergie in eine mechanische Ausgangsleistung wie Dehnungen oder Kräfte umzuformen (sog. Aktuatoren).

Am Beispiel des „surfenden" Drehmotors von *Sashida* (zitiert von *Uchino*) soll die Wirkungsweise erklärt werden. Als Schwingungserreger (s. Abb. 44, Teil 2) dient der Teil eines flachen piezokeramischen Ringes (Innendurchmesser 45mm und Außendurchmesser 60 mm), der dazu auf der Unter- und Oberseite mit Elektroden versehen wird. Ist die Schwingungsfrequenz des Erregers auf die Eigenfrequenz des Piezoringes abgestimmt, wird der Resonanzfall erreicht. Es bildet sich eine stehende Welle längs des Ringes aus, weil in jeder Richtung vom Erreger weg, längs des Ringes, eine Welle läuft und diese beiden sich überlagern. Gestaltet man einen zweiten Teil des Ringes als Erreger aus, kann man damit eine zweite stehende Welle längs des Ringes erzeugen. Versetzt man die Erreger dieser stehenden Wellen räumlich um 90° und steuert die anliegenden Wechselspannungen so, daß die beiden stehenden Wellen zeitlich nochmals um 90° in der Phase oder um T/4 versetzt sind (Abb. 45 a), erhält man im Ergebnis eine laufende Welle im Ring, die diesen antreibt (vergleiche etwa Zeitpunkt 5 in Abb. 12). Es gilt also, daß man eine laufende Welle durch die Überlagerung zweier stehender Wellen, deren Phasen sich sowohl hinsichtlich der Zeit als auch des Raumes (Ortes) um 90° unterscheiden, erzeugen kann. Natürlich ist es möglich auf dem Ring noch eine grö-

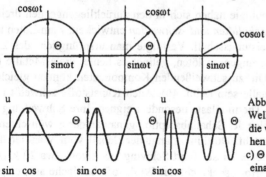

Abb. 45 Erzeugung einer laufenden Welle im Ring durch Wellenerreger, die vom Kreismittelpunkt aus gesehen um a) $\Theta = 90°$, b) $\Theta = 45°$ und c) $\Theta = 30°$ auf dem Piezoring gegeneinander räumlich versetzt sind

ßere geradzahlige Anzahl von Schwingungserregern unterzubringen, um die mechanische Leistung zu erhöhen. So ist es in Abb. 45b) für die 2. Harmonische und in 45c) für die 3. Harmonische angedeutet. Der Ring als Vibrator koppelt an den Gleiter. Durch Reibungskopplung wird die elastische Energie nach Außen entkoppelt. Die Wirkungsgrade der Motoren schwanken sehr stark und liegen zwischen 0,8 und 0,3. Das Hauptproblem ist gegenwärtig die Abführung der erzeugten Wärme und die damit eingeschränkte Lebensdauer dieser Motoren. Allerdings haben sie sich in Fotoapparaten mit automatischer Fokussierung und als Fensterheber z.B. in Autos bereits Anwendungsgebiete erschlossen. Ihre Vorteile gegenüber herkömmlichen Elektromotoren sind ihre geringe Masse von nur wenigen Gramm, ihre kleine Größe von wenigen cm³, eine hohes Leistungs-Masseverhältnis, ihre Unbeeinflußbarkeit durch äußere magnetische oder radioaktive Felder u.a. Auf manche Weiterentwicklungen kann man gespannt sein.

4.5 Anwendungen des Leistungsultraschalls

Mit dem Einsatz von Leistungsultraschall verfolgt man das Ziel, eine gesteuerte Stoffveränderung oder gar -zerstörung vorzunehmen. Für die Erzielung hoher Schallintensitäten geht man verschiedene Wege. Man kann Ultraschall mit sphärisch oder zylinderartig gekrümmten Schallgebern fokussieren und erreicht im Fokus eine genügend hohe Intensität. Es ist aber auch möglich, Ultraschall mit sog. Hörnern oder Rüssel zu transformieren. Zuweilen genügen auch einfache Wandler, um eine ausreichende Intensität der Welle zu erreichen.

4.5.1 Ultraschall-Verbindungstechniken

Zu einer ausgereiften Technologie haben sich in den zurückliegengenden dreißig bis vierzig Jahren das *Ultraschallöten und -schweißen* entwickelt. Zum Löten und Schweißen benötigt man Leistungsschall. Verfolgte man ursprünglich das Ziel, Aluminium und seine Legierungen zu löten, gelingt es heute, viele Metalle mit Ultraschall zu schweißen. Die zu schweißenden Komponenten können gleichartige und ungleichartige Metalle sein (Abb. 46). Auch Kunststoffe schweißt man mit Ultraschall, wobei sich Thermoplaste besonders eignen. Ihre Schweißung erfolgt durch Wärme, die infolge der Schallabsorption genau an der gewünschten zu verschweißenden Stelle entsteht. Dorthin gelangt der Schall vom Wandler über das Horn durch eine Sonotrode. Diese führt Schwingungen von etwa 20 kHz in Resonanz gekoppelt an das Horn senkrecht zur Werkstoffoberfläche aus, erzeugt also longitudinalen Schall. Die Schwingungsamplituden der Sonotrode betragen zwischen 15 und 60 μm. Mit dieser Technik gelingt das Nieten und Einbetten von Kunststoff in Metallformen, das Einbetten von Gewindebuchsen in Plastgriffe u.a. Rückstrahler aus Polymethylmetacrylat (PMMA) werden mittels Ultraschall zusammengeschweißt, Filmkassetten oder Diarähmchen mit Hilfe von Ultraschall genietet.

Nicht vollständig physikalisch geklärt ist das Löten. Möglicherweise nutzt man
die Ultraschallkavitation aus (siehe Abschnitt 4.5.2). Beim Löten von Aluminium
verhindert man offensichtlich durch Beschallung das Ausbilden einer Aluminium-

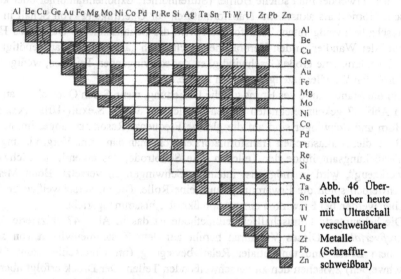

Abb. 46 Übersicht über heute mit Ultraschall verschweißbare Metalle (Schraffurschweißbar)

oxidschicht an der Oberfläche des Materials, die eine Lotverbindung behindert.
Als Flußmittel verwendet man häufig Zinn, das zum Lötzwecke erwärmt werden
muß. Der Lötkolben wird an seiner Spitze erwärmt und ist selbst meist ein ma-
gnetostriktiver Schwinger. Wegen ihrer großen Masse arbeiten diese Lötkolben in

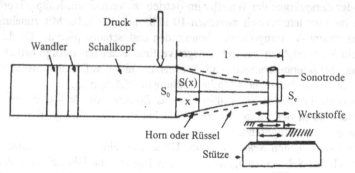

Abb. 47 Prinzip einer Ultraschallschweißapparatur für das Kaltpreßverfahren

einem relativ niedrigen Frequenzbereich bei etwa 20 kHz. Um bei diesen Frequenzen und der durch das Wandlermaterial vorgegebenen Schallgeschwindigkeit

die Schallintensität zu erhöhen, gibt man vielfach den magnetostriktiven Schwingern die Form eines *Exponentialhorns* (Abb. 47) oder einfach eines Rüssels. In Kombination mit piezoelektrischen Schallgebern in Sandwich- oder Verbundbauweise verwendet man solche Hörner (Stufenhörner, Exponentialhörner oder konische Hörner) als akustische Transformatoren zur Übertragung von Schall in Ultraschallschweißgeräten. Transformiert wird die Schallschnelle. Durch das Horn wird der Wandler an den Verbraucher mechanisch „angepaßt". Man benötigt zur Schweißung eine große Geschwindigkeit der schwingenden Teilchen, weniger die durch den Wandler erzeugten großen Kräfte.

Für die Mantelkurve des Horns gilt die Beziehung, wenn S den Querschnitt an den in Abb. 47 gekennzeichneten Stellen bezeichnet: $S(x) = S_0 \exp[(-1/l)\log(xS_0/S_e)]$. Horn und Schwinger sind auf die gleiche Frequenz (Resonanz) abgestimmt. Mit Hilfe dieses akustischen Transformators erreicht man dann eine Vergrößerung der Verrückungsamplitude der Teilchen. Die Sonotrode, das eigentliche „Schweißwerkzeug", wird in möglichst intensive Schwingungen versetzt. Beim Metallschweißen spielt die Erwärmung kaum eine Rolle. Die zu verschweißenden Flächen werden bei Einwirken einer Anpreßkraft „zusammengerieben".

Die bekannteste Ultraschallschweißmethode ist das in Abb. 47 skizzierte *Kaltpreßverfahren*. Dieses Verfahren beruht auf dem Zusammenwirken von statischem Druck und tangentialer Relativbewegung (im Unterschied zum Plastschweißen) zwischen den zu verschweißenden Teilen. Der Druck erfolgt über die Sonotrode senkrecht zur Verbindungsebene der Teile. Die Relativbewegung bewirkt in mikroskopisch kleinen Bereichen ein Fließen der Materialien.

Im gezeigten Beispiel sind die Wandler in Sandwichbauweise in Reihe miteinander verbunden. Oft wird der gesamte Komplex mechanisch verspannt, um ein Zerreißen oder Zerspringen der Wandler im Betrieb zu vermeiden. Kaltpreßverfahren arbeiten im Frequenzbereich zwischen 10 kHz und 100 kHz. Mit zunehmender Frequenz nimmt die Baugöße von Sonotroden und Schallköpfen ab. Da das Verfahren ein Kaltverfahren ist, treten negative Erscheinungen infolge örtlicher Erwärmung, Strukturänderungen und Schmelzen nicht auf. Auch bedürfen die Werkstoffe keiner besonderen Vorbehandlung und Säuberung.

Eine spezielle Form des Schweißens ist das *Bonden* oder Mikroschweißen. Es wird besonders in der Mikroelektronik und bei der Herstellung mikroelektronischer Bauelemente eingesetzt.

Auch zum *Bohren* und *Schneiden* wird Ultraschall eingesetzt. Die Geräte dafür sind ähnlich den Schweißanlagen gebaut. Der Einsatz von Ultraschall in der Verbindungstechnik hat viele Vorteile gegenüber konventionellem Kleben und Nieten. Es werden weitaus höhere Taktfolgen und engste Toleranzen erzielt. Man vermeidet das Auftreten einer Spannungskorrosion.

4.5.2 Ultraschallkavitation

Treten in einer Flüssigkeit sehr hohe Zugspannungen auf, so können sich in ihr kurzzeitig Hohlräume auftun, die im nächsten Moment wieder zusammenfallen, und zwar mit großer Heftigkeit. Man nennt diese Erscheinung *Kavitation* und spricht von akustischer Kavitation, wenn diese Hohlräume beim Durchgang einer Schallwelle hoher Intensität entstehen. Die sog. hydrodynamische Kavitation entsteht, wenn eine starke lokale Druckerniedrigung in Flüssigkeiten infolge großer Strömungsgeschwindigkeiten vorhanden ist. Das passiert beispielsweise bei periodischen Vorgängen, wie etwa dem umlaufenden Druckfeld eines Schiffspropellers oder einer Turbine. Im folgenden soll die akustische Kavitation betrachtet werden. Hier unterscheidet man zwei Grenzfälle, die echte oder harte Kavitation und die weiche Kavitation.

Echte Kavitation tritt auf, wenn die Hohlraumbildung durch Zerreißen einer völlig entgasten Flüssigkeit zustande kommt. Dazu sind Drücke oder Spannungen notwendig, die in der Größenordnung von 10^9 Pa liegen. Das ist durch eine Ultraschallwelle erreichbar.

In der Realität tritt Kavitation bei Drücken auf, die wesentlich niedriger liegen als die eben erwähnten. Ursache dafür ist das Vorhandensein von Kavitationskeimen in der Flüssigkeit. Das können in der Flüssigkeit gelöste Gase, Staubteilchen oder andere Partikel sein.

In einer Schallwelle hoher Intensität kann in der Halbperiode erniedrigten Druckes dieser gleich dem Dampfdruck der Flüssigkeit oder niedriger sein. Dann entstehen gas- bzw. dampfgefüllte Hohlräume, Kavitationsblasen. Diese Hohlräume führen heftige *Pulsationen* aus. Sie brechen urplötzlich zusammen, wenn der Druck in der nächsten Halbperiode ansteigt. Bei diesem Zusammenbrechen entsteht eine starke hydrodynamische Anregung der Flüssigkeit, es entwickeln sich kräftige Kompressionsimpulse (oder Mikrostoßwellen) und Mikroströmungen. Starke lokale Erwärmungen treten auf. In der Flüssigkeit vorhandene Gase werden abgeschieden. An der Oberfläche eines Festkörpers, der mit der kavitierenden Flüssigkeit in Kontakt steht, entstehen erhebliche Zerstörungen. Gleichzeitig tritt beim Zusammenbrechen der Hohlräume ein sehr intensives charakteristisches Geräusch, Kavitationsrauschen genannt, auf, das man auch deutlich wahrnimmt.

Die Kavitation wird von vielen Parametern beeinflußt. Sie hängt vom äußeren Druck, von Temperatur, Schallfrequenz, Schallwellenwiderstand der Flüssigkeit und anderen Größen ab. Obwohl sich viele Forscher intensiv mit diesem Problem befassen, sind noch ungezählte Fragen völlig unklar. Trotzdem wird dieses Phänomen, das bis zu Frequenzen von einigen hundert Kilohertz auftritt, oft - auch in der Industrie - genutzt und angewendet. Dafür einige Beispiele:

Eine der wichtigsten Kavitationserscheinungen ist die *Kavitationserosion*. Darunter versteht man die Zerstörung einer Festkörperoberfläche, die mit der kavitierenden Flüssigkeit in Kontakt steht. Diese Erscheinung wird bei der *Ultraschallreinigung* genutzt. In einem Flüssigkeitsbad (z.B. Fluorkohlenwasserstoff-Alkohol-Gemisch oder Wasser) werden die zu reinigenden Teile einer Ultraschallbehandlung ausgesetzt. In kommerziellen Geräten liegen die genutzten Frequenzen etwa zwischen 20 kHz und 40 kHz bei Generatorleistungen von 100 bis 1000 W. Fettschichten, Oxidbeläge, Rußschichten oder andere unerwünschte Bedeckungen können bei kontrollierter Beschallung entfernt werden.

Die Ultraschallreinigung wird zum Säubern von Juwelierteilen, Platinen in der Mikroelektronik bis hin zu Maschinenteilen verwendet. Eine unkontrollierte Behandlung, insbesondere eine zu lange Beschallungszeit, führt zu unerwünschten Zerstörungen an der Oberfläche. Durch die Kavitationserosion wird auch die Lebensdauer von Schalleitern, die der Übertragung von Leistungsschall dienen, erheblich herabgesetzt. Die positiven Wirkungen der Kavitationserosion werden für Anwendungen in der Metallurgie, der keramischen Industrie, selbst der Pharmazie genutzt. Man erzeugt mit ihr hochdisperse Stoffe, Pulver mit sehr kleinen Teilchendurchmessern, die anderen Stoffen zugesetzt werden und zu erheblichen gewünschten Eigenschaftsverbesserungen führen oder im Fall von Medikamenten zu besserer Verarbeitbarkeit und Verträglichkeit. Wird die Kavitationserosion zum gezielten Einarbeiten von Vertiefungen bzw. Löchern in härtesten Stoffen eingesetzt, so benutzt man Vorrichtungen ähnlich wie Bohrmaschinen. Man spricht von Ultraschallbohrern. An die Stelle des Bohrers tritt ein Ultraschallkopf.

Sehr bekannt ist die Anwendung der Kavitation zur Emulgierung und Dispergierung. Bei der *Emulgierung* wird mittels Ultraschall in an sich nicht mischbare Flüssigkeiten (z.B. Öl/Wasser) eine Komponente fein in eine andere verteilt. Bei der *Dispergierung* geschieht das gleiche mit einer festen Komponente in einer flüssigen Phase. Ebenso ist die Vernebelung von Flüssigkeiten in Gasen möglich. Letzteres wird beispielsweise in der Medizin angewendet.

Kavitationseffekte spielen bei der Anregung oder Beschleunigung von chemischen Prozessen eine Rolle. Es ist bekannt, daß elektrochemische Prozesse durch die Kavitationswirkung intensiver verlaufen. Hochmolekulare Verbindungen können durch Ultraschall hoher Intensität abgebaut werden.

In der Biotechnologie werden Fermente aus tierischem und pflanzlichem Material mittels Ultraschall extrahiert. Ultraschall wird zur Zerstörung von schädlichen Mikroorganismen verwendet. Die Kavitationswirkung wird zur Entgasung von Flüssigkeiten und Schmelzen verwendet. In den Kavitationshohlräumen sammelt sich das zu entfernende Gas. Die entstandenen Gasblasen sammeln sich unter der Wirkung des Schallwechseldrucks und steigen nach oben.

Aluminium und Aluminiumlegierungen spielen in der Elektrotechnik oder als Konstruktionswerkstoff eine immer wichtigere Rolle. Ihrer Anwendung stehen aber in vielen Fällen die schlechten Verbindungsmöglichkeiten von Aluminiumteilen untereinander oder mit anderen Metallen entgegen. Bekanntlich entsteht auf jeder Aluminiumoberfläche bei Berührung mit Luft sofort eine Oxidschicht, die sehr hart und elektrisch schlecht leitend ist. Da sie mit keinem Flußmittel entfernt werden kann, ist ein Löten mit den für andere Metalle bekannten Verfahren nicht möglich. Der Ultraschall liefert eine Alternative. Durch die Ultraschallkavitation wird die Oxidhaut zerstört. Dann ist eine Verbindung der entoxidierten Aluminiumoberfläche mit dem geschmolzenen Lot möglich. Aluminium oder seine Legierungen können weich gelötet werden (s. Abschn. 4.5.1).

In Gasen ist das Auftreten von Kavitation nicht möglich. Hydrodynamische Effekte und Orientierungseffekte spielen hier die Hauptrolle. Sie führen z.B. in Aerosolen (Rauch, Staub, Nebel) bei Beschallung zur *Koagulation*. Diese Koagulationseffekte treten auch bei der Dispergierung oder Emulgierung auf, wenn man die Konzentration der zu zerteilenden Komponente einen bestimmten Grenzwert erreicht. Biologische Objekte reagieren sehr verschieden auf unterschiedliche Intensitäten. Bei zu hohen Schallintensitäten, d.h. auftretender Kavitation, werden Zellen irreparabel zerstört. So kann es beispielsweise bei der Beschallung von Knochen mit einer Intensität von größer als 3×10^4 W/m² und Beschallungszeiten von mindestens zehn Minuten zum Abheben der Knochenhaut oder Wachstumshemmungen kommen. Andererseits verwendet man neuerdings Impulsschall zur Stimulierung des Knochenwachstums von komplizierten Knochenbrüchen, das mit anderen Me-thoden bisher erfolglos versucht worden ist. Eine Erfahrungstatsache, die wissenschaftlich noch der Begründung bedarf.

Bekannt ist, daß Intensitäten geringer als 3×10^4 W/m² den interzellularen Stoffaustausch stimulieren. Sie führen zu gewünschten positiven Effekten ohne schädliche Nebenwirkungen. Thermische- und Vibrationseffekte, durch Ultraschall verursacht, spielen hier wohl eine Hauptrolle. In der Nahrungs- und Genußmittelindustrie ist die Anwendung des Leistungsultraschalls ebenfalls geläufig. So kann man bei bestimmten Spirituosen durch intensive Beschallung eine Verbesserung des Aromas und des Geschmacks erreichen, wie sie sonst erst nach mehrjährigem Lagern eintritt. Die günstige Beeinflussung ist sicher auf geänderte chemische Zusammensetzungen oder hervorgerufene Oxidationsvorgänge zurückzuführen.

Aus vielen anderen Industriezweigen könnten weitere Beispiele angeführt werden. Man muß aber kritisch anmerken, daß es zwar eine ungeheure Anzahl von Anwendungsmöglichkeiten des Leistungsultraschalls (in manchen Fällen noch nicht voll erklärbar) auf den unterschiedlichsten Gebieten gibt, jedoch die Zahl der in der Praxis realisierten Anwendungsfälle überschaubar begrenzt ist. Das ist wohl in erster Linie eine Kosten/Nutzen-Frage und ein Problem der zur Verfügung stehenden Technologie. Man sollte annehmen, daß mit weiteren Fortschritten der Mikroelektronik und der Entwicklung neuer, billigerer Wandler viele der z. Zt. auf „Eis gelegten" Applikationen künftig eine attraktive Rolle spielen werden.

4.6   Ultraschall in der Medizin

Von jeher war es der Wunsch der Ärzte, einmal in den Menschen „hineinschauen" zu können, ohne ihn vorher aufschneiden zu müssen. Das gelang erstmals nach der Entdeckung der Röntgenstrahlen 1895. Seitdem hat die Röntgendiagnostik einen ungeahnten Aufschwung genommen. Besonders ihr jüngstes Kind, die Computertomographie[2], erlaubt die unmittelbare Darstellung transversaler Schnittbilder. Das ist möglich, weil sich Organe bzw. Organgewebe durch verschiedene Röntgenabsorptionskoeffizienten auszeichnen. Parallel zur Röntgendiagnostik wurde die Ultraschalldiagnostik, die „Sonographie", entwickelt. Sie ist oft einfacher und weniger aufwendig. Bei Ultraschalluntersuchungen ermöglicht der infolge unterschiedlicher akustischer Widerstände an Grenzflächen reflektierte Schall mit Hilfe der Elektronik den Aufbau eines Bildes. In der medizinischen Sonographie arbeitet man mit Longitudinalwellen meist im Impulsechoverfahren. Methodisch sind die Verfahren denen in der zerstörungsfreien Materialprüfung sehr ähnlich. Allerdings erlauben die medizinischen Methoden noch mehr, nämlich die Beobachtung von Organbewegungen und mittels der Dopplerverschiebung die Bestimmung der Geschwindigkeiten ihrer Bewegungen sowie die Feststellung von Tiefenlagen durch Laufzeitmessungen. Was die technisch-technologische Entwicklung der Ultraschalldiagnostik angeht, verläuft hier vieles ähnlich wie bei der Entwicklung der Röntgendiagnostik. Vorwärtstreibend wirken immer das Wechselspiel von medizinisch-praktischem Anspruch und physikalischer Grundlagenforschung sowie der Stand der elektronisch-mikroelektronischen Technik.

In diesem Zusammenhang sei noch auf die Magnetoresonanztomographie MRT (Kernspintomographie) hingewiesen. Von ihr werden die Dichte und Relaxationszeiten der im menschlichen Körper enthaltenen Protonen erfaßt und im Ergebnis als ein Bild mit unterschiedlichen Graustufen dargestellt. Die durch die Kernspintomographie gewonnenen Informationen besitzen vor allem einen biochemisch orientierten Charakter.

Die drei angeführten Methoden basieren auf ganz verschiedenen physikalischen Effekten. Sie liefern dem Mediziner sich ergänzende und überlappende Informati-

---

[2] Unter Computertomographie versteht man das mittels eines Computers gestützte Schichtaufnahmeverfahren durch einen Tomographen. Es ermöglicht Aufnahmen am liegenden Patienten.

onen über das Körperinnere. In diesem Sinne tragen alle zum Komplettieren einer medizinischen Aussage bei. Neue Methoden wie die Diagnostik und Therapie mit dem Laser, die Erkennung von Krankheitsmustern im Infrarotspektrum von Blutseren u.a. werden hinzu kommen. Ziel medizinisch-biologischer Forschungen ist es, den Einsatz der genannten Methoden zu optimieren, und zwar in dem Sinne, daß bei geringstem Aufwand die umfassendsten Informationen gewonnen werden können. Unter diesem Aspekt gilt es, den Einsatz der genannten Methoden gegeneinander abzuwägen und ihre Vor- bzw. Nachteile genau zu kennen, die schließlich im biophysikalischen Grundmechanismus der Wechselwirkung der eingesetzten Strahlung mit dem lebenden Organismus ihre Ursache haben. Das betrifft nicht nur den Einsatz von Röntgenstrahlen und Ultraschall in der Diagnostik, sondern mehr noch in der Therapie. Bei einer Diskussion des Einsatzes von Ultraschall werden deshalb häufig Aussagen im Vergleich zum Einsatz anderer „Bestrahlungsverfahren", z.B. von Röntgenstrahlung, radioaktiven Strahlen und unter Umständen auch von Infrarotstrahlung getroffen.

4.6.1 Ultraschalldiagnostik

Methoden der *Ultraschalldiagnostik* sind zahlreich und werden breit angewandt. Sie beruhen letztendlich alle auf der Informationsgewinnung durch Reflexion des

Tab. 4.1: Ungefähre Dichte, Schallgeschwindigkeit und akustische Impedanz in menschlichen Geweben und anderen Medien bei Körpertemperatur

Medium	Dichte ρ in 10^3 kgm^{-3}	Schallgeschwindigkeit c in 10^3 ms^{-1}	Schallkennwiderstand Z, in 10^{-6} kgm^{-2}s^{-1}
Luft	$1,16 \cdot 10^{-3}$	0,340	$0,4 \cdot 10^{-3}$ (bei 20 °C)
Blut	1,06	1,57	1,66
Knochen	1,62	2,5-4,7	4-7,5
Gehirn	1,03	1,54	1,66
Fett	0,92	1,45	1,33
Niere	1,04	1,56	1,62
Leber	1,06	1,57	1,66
Muskeln	1,07	1,59	1,70
dest. Wasser	1	1,53	1,53

Schalls an den Grenzflächen zwischen Gewebe und Luft, akustisch unterschiedlichen Geweben (Tab. 4.1) und an den Grenzflächen zwischen Knochen und Geweben. Es gibt z. Zt. wegen ihres hohen Luftgehaltes noch keine Diagnostik der Lungen. Vielleicht findet man dafür einmal so etwas wie ein geeignetes „Kontrastmittel", zumindest für eine örtlich begrenzte Anwendung.

Die reflektierten Longitudinalwellen erreichen den Wandler, werden in elektrische Signale umgewandelt und über einen Rechner für die Bildverarbeitung aufbereitet. Je höher die Empfindlichkeit, je niedriger das Rauschen des Empfängers und die Verstärkung der Signale durch das Empfangssystem ist, um so besser und sicherer ist die mögliche Diagnose. Eine physikalische Grenze setzt der Feindiagnostik das Auflösungsvermögen. Zwar würden höhere Frequenzen eine bessere Auflösung liefern, aber gleichzeitig nimmt die Schalldämpfung in Flüssigkeiten und Geweben zu, so daß man schließlich zu einem Kompromiß zwischen Eindringtiefe und Auflösungsvermögen gezwungen ist. Die Untersuchung der Frequenzabhängigkeit der Dämpfung und die Ausweitung des Frequenzbereiches nach höheren Werten, besonders für das Dopplerverfahren und zur Verbesserung des Auflösungsvermögens, sind Gegenstand moderner Forschungen.

Heute arbeitet man in der Ultraschalldiagnostik mit der A- und B-*Bildtechnik*, der TM-Technik (Time Motion) und dem Dopplerverfahren.

Bei der A-Bildtechnik verwendet man einen Wandler, den man am Körper führt und durch Gele oder Wasser ankoppelt. Das Empfangssignal verfolgt man auf dem Oszillographenschirm mit der y-Ablenkung des Elektronenstrahls (s. Abb. 16b). Diese Technik wird z.B. in der Augenheilkunde angewendet. Man findet eine optimale Wandlerposition und Geräteeinstellung. Leider erhält man keine zweidimensionalen Bilder. Die Echoamplituden werden stark durch den Strahleinfallswinkel beeinflußt. Der Wandler ist schwer stabil zu orientieren.

Von Vorteil ist bei Herzuntersuchungen eine Kombination der A-Technik mit einer Auswertung des zeitlichen Verlaufs der Echolagen, nachdem man eine Orts-Zeitkurve aufgenommen hat (TM-Technik). Noch günstiger ist eine Kombination von TM- und B-Bildtechnik.

Die B-Bildtechnik liefert zweidimensionale Bilder. Die Realzeit-B-Bildtechnik (Sofortbearbeitung) arbeitet so, daß man zunächst mehrere Wandler (bis zu über hundert) in einer Linie aneinanderreiht. Innerhalb dieser Reihe werden die einzelnen Wandler (oder in Gruppen) im Impulsbetrieb angeregt, etwa 25mal je Sekunde. Von dieser „Schnittlinie" erhält man so ein Bild. Bewegt man den *Multielementwandler* längs paralleler Geraden, kann man sich nach einer Zwischenspeicherung der Schnittbilder einen flächenhaften Bildeindruck verschaffen. Bei genügend hoher Abtastfrequenz kann man sogar zeitlich ablaufende Prozesse, sich bewegende Organe, beobachten. Realzeit-B-Bildtechniken werden in der inneren Medizin eingesetzt, der Unterleibsdiagnostik, zur Feststellung von Leberabnormitäten, für Gallenblasen- und Nierenuntersuchung, Prostata-, Milz- und Bauchspeicheldrüsenuntersuchungen, der Gynäkologie, bei der Geburtshilfe usw. Abb. 48 zeigt Ultraschallaufnahmen einer Niere und einer Gallenblase: In beiden Bildteilen erkennt man einen *Gallenstein*.

Die technisch-technologische Weiterentwicklung der Realzeit-B-Bildtechniken strebt Multielementwandler in Matrixform an. Untersuchungen könnten dann oh-

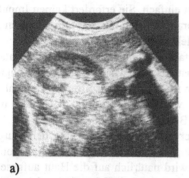 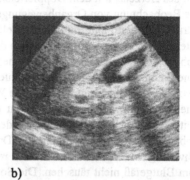

a)   b)

Abb. 48 a) Unauffällige rechte Niere, normales Lebergewebe und ein großer Gallenstein, b) Normale Leberstruktur, große Gallenblase mit Stein, zur Verfügung gestellt von der urologischen Gemeinschaftspraxis Dr. M. Scriba, Prof. Dr. B. Langkopf, Helmstedt

ne Wandlerbewegungen erfolgen, die immer eine Unsicherheit darstellen.

Ein weiteres Verfahren, von den beschriebenen wesentlich verschieden, ist das Ultraschall-*Dopplerverfahren* (s. Abschn. 3.5). Mit ihm kann man, ohne den Körper zu verletzen (nichtinvasiv) und rückwirkungsfrei, die mittlere Blutgeschwindigkeit messen und zusätzlich den relativen Blutstrom registrieren. Es gestattet Verlaufsbeurteilungen und Therapiekontrollen peripherer Durchblutungsstörungen. Impulsdopplerverfahren ermöglichen die gleichzeitige Bestimmung von Bewegungsgeschwindigkeit und Meßtiefe. Es ist möglich, das Strömungsprofil in einem Blutgefäß auszumessen. Arterielle Strombahnhindernisse sind nachweisbar. Frequenzänderungen von Utraschallwellen können auch infolge von Organbewegungen (z.B. des fetalen Herzens) und Gewebsbewegungen auftreten. Abb. 49

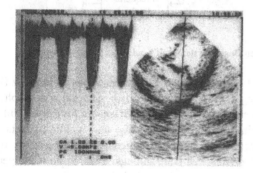

Abb. 49 Dopplerfließmuster entlang des Doppler-Leitstrahls an einer undichten Herzklappe (rechts), aufgenommen im cw-Betrieb bei etwa 2,5 MHz (von Herrn Dr. F. Uhlemann, Olga-Hospital, Stuttgart, zur Verfügung gestellt)

zeigt das Dopplerfließmuster entlang des gesamten Doppler-Strahls an einer undichten Herzklappe. Rechts daneben erkennt man das zweidimensionale Schnittbild des Herzens mit dem Dopplerleitstrahl.
Die Beobachtung von Organbewegungen ist einfach. Sie erfordert keinen Impulsbetrieb, emittierte und reflektierte Wellen brauchen sich nur durch Frequenzen zu
unterscheiden. Die Anforderungen an die Elektronik sind weit geringer.
Abb. 50 zeigt das Blockschaltbild eines einfachen Dopplersystem. Ist die empfangene Frequenz gleich der Senderfrequenz, ist das vom Mischer angezeigte Signal
0 Hz. Der Mischer zeigt nur absolute Werte für die Frequenzdifferenz an, egal ob
eine Bewegung auf den Wandler zu oder von ihm weg erfolgt. Genauere und
weitergehende Untersuchungen erfordern z.B. auch eine Frequenzanalyse.
Abb. 51 zeigt die Anwendung des Dopplerverfahrens zur Messung der Blutgeschwindigkeit. In Abb. 51 darf die relativ große Entfernung der Dopplersonde
vom Blutgefäß nicht täuschen. Die Sonde wird natürlich auf die Haut aufgesetzt
und der Schall mittels eines Gels eingekoppelt. Das Blutgefäß befindet sich darunter.
Der Stand kommerziell erwerbbarer Ultraschallgeräte für Therapie und Diagnostik macht einen breiten Einsatz des Ultraschalls in vielen Bereichen möglich.

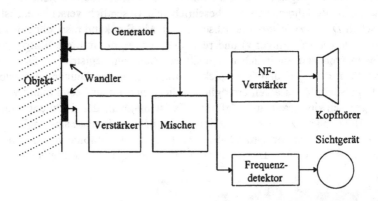

Abb. 50 Blockschaltbild eines einfachen Dopplersystems mit Sende- und Empfangswandler

Auf verschiedenen Gebieten sind Ultraschallmethoden anderen vorzuziehen, z.B.
in der Fetometrie, der Ausmessung der Frucht im Mutterleib, oder der sonographischen Nachweisbarkeit von Steinen in Galle, Niere und Blase, die im Röntgenbild
keinen Schatten liefern. Ultraschall erlaubt nichtinvasive und nichtionisierende
Prüf- und Heilverfahren. Im Vergleich zu den für Röntgenuntersuchungen, Computertomographie oder nuklearmedizinischen Bestrahlungsverfahren notwendigen
Ausrüstungen ist die für Ultraschallverfahren nötige relativ billig.

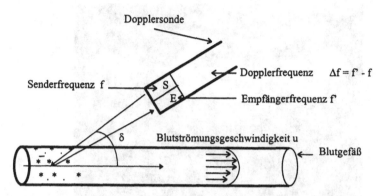

Abb. 51 Dopplermethode mit Sende- und Empfangswandler zur Messung der Blutgeschwindigkeit durch Schallreflexion an Erythrozyten. Die Messung erfolgt mit kontinuierlichen (cw) Wellen (siehe auch Abschnitte 3.5 und 4.2.4)

4.6.2 Ultraschall in der Geburtshilfe

In den letzten Jahrzehnten ist die Ultraschalltechnik wegen ihrer Unschädlichkeit in der Gynäkologie und Geburtshilfe unverzichtbar geworden. Ab der 5. Woche kann man eine Schwangerschaft nachweisen. Bewegungen des Fötus, insbesondere seines Herzens, können ab der 8. oder 9. Woche verfolgt werden. Bei geeigneter Lage kann etwa ab dem 3. Monat das Geschlecht festgestellt werden.
Eine bessere Bildauflösung durch die Grauwerttechnik und die Verbesserung der rechnergestützten Meßtechnik allgemein vergrößerten den Anwendungsbereich und die Aussagekraft von Ultraschallaufnahmen. Mit Ultraschall gelingt es, Mißbildungen aufzuklären, was durch andere Verfahren kaum möglich ist. Dazu trägt vor allem die Fetometrie bei. Man kann das Fruchtgewicht berechnen und eine Differentialdiagnose von Blutungen vornehmen. Hier ist die Ultraschall- der Röntgendiagnostik überlegen. Auf eine Anwendung der Ultraschalldiagnostik sollte nicht verzichtet werden, wenn sie auch nicht immer zwingend eingesetzt werden müßte. Inzwischen ist die Ultraschalldiagnostik Bestandteil kontinuierlicher Überwachung von Schwangeren. In der gynäkologischen Diagnostik werden solch geringe Schallintensitäten genutzt, die dem jungen Leben keinen Schaden zufügen. Es ist eben wesentlich, daß Ultraschall eine elastische Welle und keine elektromagnetische oder gar radioaktive Strahlung ist.
In einer Betreuung sollten die Risikofälle (z.B. ob sich das Kind in Form und Figur normal entwickelt) ermittelt werden. Es erfolgt die Feststellung von Mehrlingsgeburten, die Diagnose ausgeprägter Fehlbildungen. Viele Hinweise für eine komplikationslose Geburt können gewonnen werden.

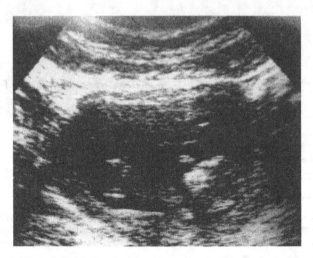

Abb. 52 Ultraschallbild eines Ungeborenen in der 10. Schwangerschaftswoche, aufgenommen in seiner Praxis durch Dr. K. Thalmann, Halle/Saale

In Abb. 52 ist das Ultraschallbild eines Feten zu Beginn des 3. Schwangerschaftsmonats zu erkennen. Deutlich zeichnen sich Kopf und Gliedmaßen ab. Alles erfolgt nichtinvasiv und mit sehr geringer Intensität. Der Arzt kann die gewonnenen Bilder interpretieren. Zu späterer Zeit durchgeführte Aufnahmen dienen gezielt der Untersuchung von Körperteilen. Auf mögliche Körperschäden und Komplikationen bei der Geburt wird man aufmerksam. Während der Geburt kann man sonographisch die Herztätigkeit des Kindes kontrollieren. Mit der Einführung der Ultraschalldiagnostik in der Geburtshilfe wurde die diagnostische Palette wesentlich und in vielen Fällen entscheidend verbessert.

4.6.3 Biologische und medizinische Wirkungen von Ultraschall

Ultraschall gelangt in den menschlichen Körper, indem man über Koppelmedien (Öle, Wasser, Gele) den Wandler so auf die Haut aufbringt, daß keine Luftzwischenschicht o.ä. die Schalleinkopplung stört. Die arbeitsüblichen Frequenzen liegen zwischen 0,5 und 10 MHz. In menschlichen Geweben zeigt die Schallgeschwindigkeit kaum Dispersion. Sie ist nahezu gleich der Geschwindigkeit in Wasser (s. Tab. 4.1). Bei einer angenommen Geschwindigkeit von 1560 ms^{-1} und einer Frequenz von 2 MHz beträgt die Wellenlänge 0,78 mm. Im homogenen Gewebe breitet sich der Schall geradlinig aus.

Auf dem Weg in das Körperinnere kommt es zu Wechselwirkungen von Schall mit biologischem Gewebe, Knochen usw. Die Stärke der Wechselwirkung hängt von der Verweilzeit des Schalls im Körper und seiner Intensität ab. Für Diagnoseuntersuchungen verwendet man zur Erlangung aussagekräftiger Bilder Intensitäten in den Größenordnungen von 10^4 bis $10 \, Wm^{-2}$ und arbeitet meist im Impulsbetrieb, so daß man von einer Wechselwirkung nahezu absehen kann. Anders ist es in der Therapie. Heute beruht die Therapie häufig noch auf empirisch gefundenen und gesicherten Erkenntnissen. Bei vielen entzündlichen Prozessen und Erkrankungen durch degenerative Prozesse, z.B. der Gelenke, der Band- und Skelettsysteme, erzielt man mit Ultraschall Heilerfolge. Welche Ultraschallkomponente den Heileffekt im einzelnen bewirkt, ist oft schwer einzuschätzen. Sicherlich werden Wirkungen durch Absorption von Schallenergie und die damit verbundene Erwärmung hervorgerufen. Eine zu starke Erwärmung kann man durch die Begrenzung der Intensität verhindern. Welchen Einfluß haben aber Frequenz, Beschallungsart (Impuls- oder Dauerschall), der Durchmesser der durchstrahlten Zone usw.? Sicherlich wirken Schallschwingungen wie eine verfeinerte *Zellgewebsmassage*, wie eine „*Mikromassage*", die förderlich für eine bessere Durchblutung und Durchlymphung ist. Absorption bewirkt eine begrenzte Erwärmung, besonders effektiv an Grenzflächen, etwa in der Umgebung der Knochenhaut, weil hier, neben dem einfallenden Schall, noch der durch den Knochen reflektierte hinzu kommt.

Mit gebündeltem Schall erreicht man eine gezielte Erwärmung in größeren Tiefen. Ultraschall wesentlich geringerer Frequenz wird zur Zertrümmerung von *Blasensteinen* eingesetzt. Vom Wandler wird in einen Schalleiter (dünner Draht) longitudinaler Schall eingekoppelt. Der Schalleiter wird durch die Harnröhre geführt. Das andere Ende des Schalleiters stößt auf einen lose angebrachten Prallkörper, der durch die hochfrequenten „Längenänderungen" des Drahtes immer wieder beschleunigt und damit periodisch auf den Stein gestoßen wird, bis dieser zerspringt. Seine Splitter können abgesaugt werden, ein rein mechanischer Vorgang. Ferner gibt es eine Reihe sekundärer Effekte, z.B. die Beeinflussung von Transportprozessen entweder durch Temperaturerhöhung oder Steigerung von Diffusionsvorgängen. Bei Einhaltung der therapeutischen Schallintensität und Beachtung vorhandener Krankheiten (Karzinome, Angina pectoris u.a.) und von Organen (Gehirn, Keimdrüsen u.a.) bei denen sich das Behandlungsverfahren verbietet, kommt es zu keiner Schädigung. Auch Spätschäden treten nicht auf. Unser Körper gibt selbst ein Alarmsignal, wenn längere Zeit mit zu hohen Intensitäten (über $2 \times 10^4 \, W/m^2$) gearbeitet wird. An der Knochenhaut tritt ein heftig stechender Schmerz, der Periostschmerz, auf. Unklar ist noch die heilende Wirkung von Impulsschall bei Beschallung von komplizierten, sonst nicht oder nur schwer heilbaren Knochenschäden. Manches ist empirisch gefunden, aber wissenschaftlich noch nicht gesichert und begründet.

Beim Schall ist es wie bei jeder anderen Energieform: bei falscher Dosierung können Schäden auftreten. Die Wirkung von Röntgenstrahlen, auch die schädliche, ist aber summarisch. Es addieren sich im Laufe des Lebens alle dem Körper zugefügten Röntgendosen. Röntgenstrahlen sind elektromagnetische Wellen, die mit der Elektronenhülle der Atome in Wechselwirkung treten, sie wirken ionisierend. Viele Wirkungen der Röntgenstrahlen sind unabhängig von deren Absorption. Geht man heute zum Zahnarzt, hört man das Rotieren des Bohrers nur beim Anlaufen, sonst kaum noch. Die Drehfrequenz des Bohrers liegt im Ultraschallbereich. Von Vorteil ist dabei außerdem, daß bei diesen Frequenzen die Stabilität der Bohrerachse größer ist als bei hörbaren, niedrigeren Frequenzen.
Eine unmittelbare Anwendung des Ultraschalls durch den Zahnarzt erfolgt beim Entfernen unangenehmer Beläge (Plaques) und von *Zahnstein*. Dazu hat er ein Ultraschallgerät, das im Bereich zwischen etwa 25 kHz und 45 kHz arbeitet. In einem Handstück wird unter Nutzung z.B. des magnetostriktiven Effektes ein ferromagnetischer Stab in Vibrationen versetzt. Am Handstück können verschiedene Instrumente angeschlossen werden mit denen man alle Zahnflächen erreichen will. Die Instrumentenspitze bewegt sich dann mindestens 25 000 mal pro Sekunde etwa 1/500 mm vor und zurück und wird mit wischenden, sich überlappenden Bewegungen über die Zahnoberfläche geführt. „Mikroskopische" Hammerschläge zerstören den festsitzenden Zahnstein oder die Füllung. Ein auf die Instrumentenspitze gerichteter Wasserstrahl kühlt und säubert gleichzeitig die bearbeitete Fläche. Die Blutungsneigung des Zahnfleisches während der Behandlung ist gering. Der Säuberungseffekt der Zähne ist besser als mit der Zahnbürste. Inzwischen sind ganze Gerätesysteme auch unter Nutzung des piezoelektrischen Effektes zur Zahnbehandlung entwickelt worden. Gegenwärtig wird die Ultraschallbehandlung einer Paradontitis (Zahnfleischentzündung) diskutiert und eingeführt.
Bei der „Behandlung" mit Ultraschall sind die Wirkungen bei verschiedenen Intensitäten unterschiedlich. Neuerdings nimmt man als Maß für die Ultraschallwirkung den Schallwechseldruck. Man zielt damit auf die hohen Beschleunigungen und starken Trägheitskräfte, die Ultraschall an den Gewebebausteinen bewirkt. Nach wie vor ist eine zuverlässige und reproduzierbare Messung der physikalischen Dosis (auch von Röntgenstrahlen) bei biologischen Objekten ein Problem.
Es gibt noch viele offene Fragen beim Einsatz von Ultraschall zu therapeutischen Zwecken, u.a. zum Einfluß der Frequenz auf die Gewebeabsorption, zum Auffinden geeigneter Korrelationen zwischen Gewebeänderung und bioakustischen Parametern oder die Frage, ob Ultraschall künftig erfolgreicher bei einer Tumorbehandlung eingesetzt werden kann. Der Einsatz von Ultraschall in der Therapie, obwohl schon lange Zeit erfolgreich praktiziert, ist heute noch Gegenstand medizinischer, physiologischer, biomedizinischer, biophysikalischer und auch physikalischer Forschungen.

5   Ultraschall im Tierreich

Viele Tierarten benutzen Ultraschall zur Signalübertragung bzw. -vermittlung. Hinweise darauf wurden bereits gegeben. Mitte des Jahres 1998 konnte man über die Medien erfahren, daß junge Ratten, wenn sie sich freundschaftlich balgen, bei Schall von 50 kHz „lachen". Amerikanische Verhaltensforscher hatten das entdeckt. Solche oder ähnliche Informationen werden wir noch öfter erfahren. Viele Kleinsäuger können Ultraschall wahrnehmen, wir Menschen nicht. Aber mittels elektronischer und optischer Hilfsmittel haben wir es gelernt, Ultraschall für uns „erkennbar", „sichtbar" zu machen. Die benötigte experimentelle Grundausstattung besteht aus einem geeigneten Mikrofon (frequenzadäquat, unter Wasser verfügbar) und einem Katodenstrahloszillographen.

Der „Ultraschall für Hunde" beginnt bei etwa 40 kHz, für Katzen liegt die Hörgrenze etwas darüber. Für diese Tierarten ist das eine Sinnesleistung gleichrangig neben Sehen, Riechen u.a. Für *Fledermäuse* bedeutet Ultraschall weit mehr. Ihre Ultraschall-*Echo-Orientierung* ist eine perfekte eigenständige Sinnesleistung in dem Sinne, daß sie ohne diese nicht leben könnten.

Im Tierreich gibt es Tierarten, von manchen wissen wir es vielleicht noch nicht, deren Hörbereich andersartig und umfangreicher als der des Menschen ist. Viele Tierarten benutzen Ultraschall vor allem zur Informationsübertragung. Brieftauben sollen ihren Weg auch mit Hilfe von Infraschall finden. Diese Tiere nehmen Schallfrequenzen bis zu 0,05 Hz wahr, wie sie von z.B. Gebirgszügen, Gesteinsfalten, Erdbeben, großen Anlagen usw. ausgehen. Möglicherweise haben die Tauben damit ein geographischen Gedächtnis ihres Heimatstalles. Nachtfalter, Beutetiere der Fledermäuse, reagieren auf Schall von 10 kHz bis 200 kHz. Ein gewisser Ausgleich im biologischen Überlebenskampf scheint damit geschaffen. Heuschrecken, Grillenarten und andere Insekten erzeugen mit speziellen Organen Töne bis zu 40 kHz.

Wale und *Delphine* nehmen Schall von 20 kHz bis zu 40 kHz wahr und reagieren darauf. Wegen der geringen Dämpfung dieser Schallwellen im Wasser, können sie sich über weite Strecken verständigen. Mit Hilfe des Sonarprinzips orten sie ihre Beute, Fische und andere Wassertiere. Vielfach wird diskutiert, ob Wale durch sehr laute Töne (über 230 dB) ihre Beute nicht auch betäuben und sogar töten. Wie könnten sonst solche schwere Tiere wie Pottwale (bis zu 40 t Masse) die schnell beweglichen Tintenfische (Geschwindigkeiten bis zu 55 km/h) einfangen? Sie scheinen ihre Beute nur „aufzulesen" und nicht zu fangen. Im Magen der Wale findet man Tintenfische oft unversehrt. Es ist unklar, ob die Wale dazu ein besonderes Schallerzeugsorgan besitzen. Ein Experimentieren dazu ist sehr schwierig, weil die Tiere in Gefangenschaft ihr Verhalten stark ändern. Man müßte im offenen Meer Untersuchungen durchführen. Sicher ist, daß es nur einige Tierarten gibt, die Ultraschall hoher Frequenz erzeugen und ihn zur Nahrungssuche verwenden. Es ist auch immer eine Energiefrage.

Das akustische Orientierungssystem scheint bei den Fledertieren am ausgereiftesten zu sein. Immer war es für den Menschen eine Frage, wie sie es fertig bringen, sich im Dunkeln zurechtzufinden. Sie galten als „unheimliche Vögel", die im Dunkeln ihre Nahrung erbeuten und sich im Finstern an ihren Nistplätzen zurechtfinden. Deshalb sind wohl die Untersuchungen zum Ultraschall-Echo-Peilsystem der Fledermäuse äußerst intensiv erfolgt und am weitesten gediehen. Über diese Leistung wissen wir heute relativ gut Bescheid.

Der Zoologe *Griffin* und der Physiker *Pierce* waren wohl die ersten, die 1938 bei ihren Tierversuchen mit Fledermäusen die Verwendung von Ultraschall als Informationssignal erkannten. *Griffin* stellte fest, daß die Lautaussendung bei seinen Tieren durch den leicht geöffneten Mund erfolgte und der Kehlkopf als Schallerreger diente. Es gibt andere Fledermausarten, die den Mund geschlossen halten und die Nase zur Schallaussendung verwenden bzw. beides kombinieren. Schallempfänger ist das Ohr. Es ist bei Fledermäusen eigentümlich, aber offensichtlich

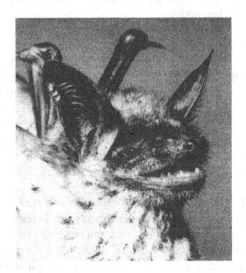

Abb. 53 Strukturierung des Ohres einer Mausohr-Fledermaus (von Dr. D. Heidecke, Zoologisches Institut der Martin-Luther-Universität Halle-Wittenberg, zur Verfügung gestelltes Bild)

sehr zweckmäßig gebaut. Fledermäuse nehmen den für uns Menschen hörbaren Schall ebenfalls auf und können diesen auch senden. Die Frequenzen des Schalls aber, den sie in Lautform oder in Form von Knallen aussenden, liegen zwischen 20 kHz und 210 kHz. Das sind gerade die Frequenzen, auf welche die Nachtfalter erschreckt und empfindlich in ihren Bewegungen reagieren. Die entsprechenden

Wellenlängen liegen zwischen 15 mm und 1,4 mm. Nach den Gesetzen der Wellenausbreitung gelingt im Lebensraum, der räumlichen Umgebung der Fledermäuse, für diese kurzen Wellen eine gute Bündelung und damit Richtwirkung. Hindernisse wie Mauern, Äste, Steine, Felsvorsprünge u.ä. sind zu groß, um durch Beugungseffekte dem Schallstrahl viel Energie zu entziehen. Die Energiedichte der reflektierten Laute und Knalle ist hinreichend groß, um von den Tieren wieder empfunden, gehört zu werden. Die „Konstruktion" von Fledermausohren ist offensichtlich extrem optimal auf den Empfang von Ultraschall angepaßt. So wird es verständlich, warum sich Fledermäuse mit herkömmlichen Netzen aus Bindfäden mit ungefähr 3 mm Durchmesser nicht einfangen lassen. Diese Fäden streuen und reflektieren noch genügend Schallenergie, werden als Hindernisse erkannt. Anders sind die Verhältnisse bei Netzen aus Kunststofffasern von weniger als 0,3 mm Durchmesser und unvergleichlich glatterer Oberfläche. Hier „geht" der Schall durch die Netze hindurch, er schmiegt sich gewissermaßen um die einzelnen Fäden herum, wird gebeugt, aber nicht reflektiert, wie es die Physik beschreibt.

Untersucht man das Frequenzspektrum des ausgesandten Schalls, stellt man fest, daß es Fledermausarten gibt, die reine Töne von 5 ms bis 50 ms Dauer aussenden. Dazu gehören (nach *Möhres*) die großen Hufeisennasen, die einen Ton von 83 kHz erzeugen, und die kleinen, die einen Ton der Frequenz 119 kHz von sich geben. Die Glattnasen wiederum modulieren ihre Schallfrequenz. So beginnt die in Amerika häufig anzutreffende braune Fledermaus beim Schallaussenden mit einer Frequenz von 100 kHz und ändert diese im Verlauf von 50 Schwingungen oder 1 ms bis 2 ms auf 40 kHz. Möglicherweise erfolgt die Frequenzabnahme linear. Solch einen Laut nennt man in Anlehnung an das menschliche Hören einen Knall.

Offenbar hat jede Fledermausart nicht nur ihr eigenes Frequenzspektrum, sondern „sendet" auch auf unterschiedlichen Frequenzen. Wie sich die Laute einzelner Fledermausindividuen voneinander unterscheiden, ist nicht klar. Es muß da Unterschiede geben, wie sonst könnten sich Fledermäuse im Schwarm, ohne aneinander anzustoßen, „unfallfrei" bewegen? Sie erkennen immer im reflektierten Schall den selbst erzeugten wieder. Die Hörorgane der Fledermäuse müssen zu extremer Schallanalyse hinsichtlich der Frequenz, der Frequenzänderung und der Intensität, zu einem perfekten und selektiven Analysieren, imstande sein. Vielleicht ist diese Analyse mit dem Sehen der Menschen „vergleichbar". Ohne darüber nachzudenken erkennen wir Farben (Frequenzen), helle und dunkle Farben (Intensitäten), Farbänderungen (Frequenzänderungen) usw.

Das Ultraschall-Echo-Orientierungssystem dient den Fledermäusen dazu, sich von ihrer Umgebung ein „Hörbild" zu machen und Beute zu orten. Die Peilsysteme verschiedener Fledermausarten sind durchaus unterschiedlich. Das beginnt damit, daß einige Töne aussenden, andere Knalle. Zur Erzielung einer Richtwirkung des Schalls gibt es unterschiedliche biologische Funktionselemente, von den Nasenaufsätzen der Hufeisennasen bis zu den Nasenblättern der Rundblattnasen. Manche kombinieren beide Teilsysteme. Gewiß haben verschiedene Fledermausarten so auch ihre spezifische Nahrungsnische. Ob das aber für jede der vielen Arten gilt, ist ungewiß.

Die Anzahl der Knalle, die Fledermäuse je Sekunde aussenden, ist sehr variabel. Vor dem Abflug sind es 5 bis 10. Das „Hörbild" wird gewissermaßen überprüft, die Erinnerung daran aufgefrischt. Die Fledermaus hat auch ein Gedächtnis. Der geprüfte Raum hat einen Durchmesser von 30 m. Beim Fliegen im freien Raum oder in den Nisträumen erhöht sich die Zahl der Knalle von 50 auf 100. Unmittelbar beim Vorbeiflug geht die Anzahl wieder auf 20 bis 30 zurück. Die Fledermaus muß nun alle ausgesandten Laute wieder empfangen. Die Zeitdifferenz zwischen Sendelaut und Echo hängt von der Entfernung vom Hindernis ab.

Wie weit darf eigentlich ein Hindernis von einer Fledermaus entfernt sein, damit es erstmals registriert wird? Das Hirn der Fledermäuse muß in der Lage sein, die reflektierten Töne mit den durch die Umgebung aufgeprägten Informationen zu verarbeiten und sich darauf einzustellen. Wie schnell ist es möglich, Richtung und Größe eines Hindernisses aus der Zeitdifferenz von Sende- und Empfangssignal sowie der eintreffenden Schallintensität zu ermitteln? Das „ruckartige" Fliegen von Fledermäusen kann mit dieser Zeitkonstanten etwas zu tun haben.

Muß die Fledermaus das Orientierungs-Peil-System vom Senden auf Empfang umschalten, oder kann sie parallel zum Senden Signale empfangen und verarbeiten? Die Kürze der Laute von etwa 1 ms und der relativ große Zeitabstand aufeinanderfolgender Knalle von 1/100 s würden bedeuten, daß ohne Parallelverarbeitung im Extremfall von 100 Knallen je Sekunde nur Hindernisse bis zu 1,50 m Entfernung wahrgenommen werden können.

Realisieren Fledermäuse den Dopplereffekt? Sie könnten dann aus Frequenzverschiebungen auf Entfernung und Relativgeschwindigkeit zwischen sich und dem Hindernis schließen. Wie erkennen sie am Echo, daß es von einem Beutetier stammt? Steckt die Information im „Verrauschtsein" des Echos oder in den winzigen Phasenunterschieden der reflektierten Echos? Es gibt viele noch zu klärende Fragen. Schallanalysen zeigen bei Fledermäusen deutliche Unterschiede in der Lautstärke, fleischfressende „schreien", pflanzenfressende „flüstern". Offensichtlich hängt das mit der Mühe zusammen, Beute zu machen. Wie sieht wohl das Echogramm eines flatternden Nachtfalters aus, der vom Fledermausschall getroffen wird und es auch spürt? Das Peilsystem ist diesbezüglich optimiert, sonst würden Fledermäuse nicht existieren können.

Ortung von Hindernissen und Fang von Beute sind sehr differenzierte Leistungen. Fledermäuse nehmen zwar von Beutetieren verursachte Geräusche wahr, lokalisiert, analysiert und gefangen wird die Nahrung jedoch mit Hilfe der Echo-Ortung.

6   Trends der weiteren Anwendung von Ultraschall

Die Anwendung von Ultraschall erfolgt bereits in einer ungewöhnlichen Breite. Man erzeugt Schall mit Frequenzen beginnend oberhalb unserer Hörgrenze bis in den Hyperschallbereich mit Leistungen von wenigen Milliwatt bis zu einigen ...zig Kilowatt, und zwar in Form kontinuierlicher Wellen als auch in Impulsform. Dieser Stand wurde erreicht durch eine rasante Entwicklung der Elektronik und Mikroelektronik, die Fortschritte der Festkörperphysik und der Technologie i.a., besonders aber bei der Wandlerherstellung.

An manchen Stellen des Büchleins wurde bereits auf mögliche kommende Entwicklungen aufmerksam gemacht. Schon vor 50 Jahren ist viel über das, was man heute mit Ultraschall alles „anstellen" kann, geschrieben und spekuliert worden. Damals mehr von einem wissenschaftlich oder technisch prinzipiellen Standpunkt aus, ohne das Verhältnis von technisch-technologischem Aufwand zum möglichen Nutzen zu berücksichtigen. Es wurden und werden manche bereits damals erkannte Probleme angepackt und gelöst. Neue kommen hinzu. Notwendig sind weitere, vielfältige Grundlagenuntersuchungen in der Physik und Technik des Ultraschalls und zu dessen Wirkungen.

Ohne Vollständigkeit anzustreben, seien zunächst folgende Probleme und Fragestellungen aufgegriffen: Die Wandlerherstellung und -optimierung. Sicher werden auch künftig keramische piezoelektrische Wandler eine Hauptrolle spielen. Man wird spezielle Strukturierungen der Wandler vornehmen, z.B. indem man konzentrische Ringe aus Keramiken zu einem kreisrunden Wandler zusammenfügt, so daß der Piezomodul vom Wandlerzentrum zum Rand hin abnimmt oder ähnliches. Man beeinflußt damit das Strahlungsfeld des Wandlers, sein Nahfeld. Der Wirkungsgrad der Wandler muß erhöht werden. Zu den weiteren Fragen zählt auch die weitere Aufklärung des Mechanismus des Polungsprozesses von Keramiken, die Ableitung von Wärme aus dem Wandlerinnern bei deren Dauerbetrieb u.a. In zunehmendem Maße werden dünne piezoelektrische Schichten, aufgedampfte und durch Sol-Gel- und Langmuir-Blodgett-Verfahren hergestellte sowie polymere Festkörper (z.B. Polyvinilydenfluorid PVF_2), vor allem wegen ihrer filmbildenden Fähigkeit, für Wandlermaterialien Anwendung finden. Als Membranen in Lautsprechern, Mikrofonen und vielen anderen Bereichen der Konsumgüterproduktion hat sich PVF_2 bereits bewährt. Die Wandlerproduktion wird deren Einsatz unter extremen Bedingungen mehr Rechnung tragen, beispielsweise das Betreiben der Wandler im nichtlinearen Elastizitätsbereich, den Einsatz bei hohen Temperaturen (in kerntechnischen Anlagen) und bei extrem tiefen Temperaturen (im Kosmos). Wegen der differenzierten Herstellungsbedingungen und oft speziellen Applikationen wird es zu einer stärkeren Abgrenzung der Einsatzgebiete der Wandler kommen. Einen Wandler für alle Fälle, den Universalwandler, wird es nicht geben.

Bei vielen Anwendungen (Filter, Verzögerungsleitungen, Motoren) kommen Wandler immer mehr im Zusammenbau mit anderen Materialien zum Einsatz. Es wird versucht werden, eine Bauelementeentwicklung in der Weise vorzunehmen, daß gleichzeitig noch andere physikalische Effekte genutzt werden und die Bauteile außerdem dabei zu minimieren. Es gibt Versuche, durch elektrische Felder steuerbare Verzögerungsleitungen zu schaffen. Der Schalleiter besteht dann aus einem ferroelastischen Material, das möglichst auch ferroelektrisch ist (z.B. Gadoliniummolybdad $Gd(Mo_4)_2$). Steuerbare akustische Wellenleiter wird man in Ergänzung zu optischen Glasfasern, die als optische Wellenleiter fungieren, bauen. Akustooptische Modulatoren werden künftig eine erhebliche Rolle bei der Informationsübertragung spielen. Mit einer stürmischen Entwicklung von Sensoren, die Schall zur Informationsgewinnung nutzen, ist zu rechnen.

Die Medizin ist bestrebt, dreidimensionale Diagnostik zu betreiben. Dazu wird die akustische Holographie weiterentwickelt werden müssen. Manche empirisch als nützlich erkannte Wirkung von Ultraschall muß wissenschaftlich noch abgesichert werden.

Nicht nur diese Wirkungen von Ultraschall, sondern auch experimentell bereits gesicherte, reproduzierbare Ergebnisse harren noch ihrer physikalischen Erklärung. Dazu zählt die Sonolumineszenz an Einzelblasen, eine Erscheinung, die an stehenden Ultraschallwellen in Wasser beobachtet wird. In den Knoten stehender Ultraschallwellenfelder pulsierende kleine Glasbläschen leuchten beim Kollabieren hell auf. Ferner beobachteten *Bauerecker* und *Neidhart*, daß sich in vertikalen Ultraschallfeldern eine Art Kaltgasfalle ausbildet. Wasseraerosol von minus 20 °C bis minus 100 °C wird in die Region des Ultraschallfeldes hineingesaugt. Die Partikel sammeln und verteilen sich auf Rotationsellipsoiden, welche die Druckknoten umgeben. Im Innern dieser aufgetürmten Ellipsoide entstehen Eiskeime, die zu Schneeflocken heranwachsen. Die Zukunft wird zeigen, welche Bedeutung solch eine Kaltgasfalle im Labor oder in der Technik erfahren wird.

Industrielle Schwerpunkte für den Einsatz von Ultraschall werden die Prozeßsteuerung und -überwachung sein. Heute schon stellt man den Kristallisationspunkt von Zucker mit Ultraschall fest. Der rentable Einsatz von Ultraschall in der Lebensmittelindustrie, etwa für das Schmackhaftmachen von Lebensmitteln oder deren Sterilisierung, bedarf noch mancher technologischer Entwicklungen im Hinblick auf deren „Großeinsatz".

Bei den Ultraschallmotorentwicklungen werden sich die optimalen, zweckgebundenen Lösungen durchsetzen.

Der sich ständig verbreiternde Einsatz von Ultraschall für die Informationsgewinnung, -übertragung und -verarbeitung sowie bzgl. seiner Wirkungen verlangt eine eingehende experimentelle und theoretische Grundlagenforschung interdisziplinären Charakters. Es wird nicht ausbleiben, daß man alle Teilprozesse, die schließlich zum effektiven Einsatz des Ultraschalls in allen sich bietenden Gebieten führen sollen, immer wieder neu zu durchdenken hat. Das beginnt bei der Optimierung verschiedenster technologischer Prozesse und hat bis hin zur sinnvollen Erweiterung des Einsatzspektrums von Ultraschall zu erfolgen.

Mit Aufmerksamkeit und Interesse wird auch der Naturfreund manche Neuentdeckung im Tierreich verfolgen und bestaunen.

Literaturverzeichnis

Bauerecker, S., Neidhart, B.: Cold Gas Traps for Ice Particle Formation. Science, Vol. 282 (1998) 2211-2212.

Bergmann, L.: Der Ultraschall. Stuttgart: S. Hirzel 1954.

Curie, J. et P.: Contractions et dilatations produits par des electriques dans les cristaux hemiedres a faces inclines. C. R. Acad. Sci., Paris Bd. 93 (1881), 1137-1140.

Krautkrämer, J., Krautkrämer, H.: Werkstoffprüfung mit Ultraschall. Berlin: Springer 1980.

Kremer, H., Dobrinski, W. (Hrsg): Sonographische Diagnostik. München: Urban & Schwarzenberg 1988.

Kuttruff, H.: Physik und Technik des Ultraschalls. Stuttgart: S. Hirzel 1988.

Millner, R. (Hrsg.): Wissensspeicher Ultraschalltechnik. Leipzig: Fachbuchverlag 1987.

Neuerburg-Heusler, D., Hennerici, M., Karasch T.: Gefäßdiagnostik mit Ultraschall. Stuttgart: G. Thieme 1995.

Pohlmann, R.: Über die Möglichkeit einer akustischen Abbildung in Analogie zur optischen. Z. Phys. 113 (1939) 697-709.

Richarz, K., Limbrunner, A.: Fledermäuse. Stuttgart: Franckh-Kosmos 1992.

Ruemenapp, S.: Automatisierte Ultraschallprüfung von Faserverbundwerkstoffen. Diss. als Ms. gedruckt, Aachen: Shaker 1996.

Schober, W.: Mit Echolot und Ultraschall. Freiburg: Herder 1983.

Sorge, G., Hauptmann, P.: Ultraschall in Wissenschaft und Technik. Leipzig: Teubner 1985.

Sutilov, V. A.: Physik des Ultraschalls. Berlin: Akademie-Verlag 1984.

Stötzner, U., Lichte, P.: Erfassung statischer und dynamischer Spannungszustände im Felshohlbau mittels seismischer Untersuchungen. Neue Bergbautechnik, Jg. 11, 2 (1981) 88-93.

Ultraschall Lexikon. Berlin: Blackwell 1996.

White, R. M.: Generation of Elastic Waves by Transient Surface Heating. J. Appl. Phys. Bd. 34 (1963) 3559.

Sachverzeichnis